从领口开始的棒针编织

张翠 主编

辽宁科学技术出版社

·沈阳·

主　　编：张　翠

编组成员：刘晓瑞　田伶俐　张燕华　吴晓丽　贾雯晶　黄利芬　小凡　燕子　刘晓卫　简单　晚秋　惜缘　徐君君
　　　　　爽爽　郭建华　胡芸　李东方　小凡　落　叶舒荣　陈燕　邓瑞　飞蛾　刘金萍　谭延莉　任俊　果果妈妈
　　　　　风之花　蓝云海　泖果是　欢乐梅　一片云　花狍子　张京运　逸瑶　梦京　莺飞草　李俐　张霞　陈梓敏
　　　　　指花开　林宝贝　清爽指　大眼睛　江城子　忘忧草　色女人　水中花　蓝溪　小草　小乔　陈小春　李俊
　　　　　黄燕莉　卢学英　赵悦霞　周艳凯　傲雪红梅　香水百合　暖绒香手工坊　蓝调清风　暗香盈袖

图书在版编目（CIP）数据

从领口开始的棒针编织/张翠主编. —沈阳：辽宁科学技术出版社，2022.8（2025.2 重印）
ISBN 978-7-5591-1834-9

Ⅰ.①从 … Ⅱ.①张 … Ⅲ.①毛衣—编织—图集 Ⅳ.①TS941.763-64

中国版本图书馆CIP数据核字（2020）第200792号

出版发行：辽宁科学技术出版社
　　　　　（地址：沈阳市和平区十一纬路25号　邮编：110003）
印 刷 者：辽宁新华印务有限公司
经 销 者：各地新华书店
幅面尺寸：185mm×210mm
印　　张：5
字　　数：200千字
出版时间：2022年8月第1版
印刷时间：2025年2月第6次印刷
责任编辑：朴海玉
封面设计：张　霞
版式设计：张　霞
责任校对：尹　昭　王春茹

书　　号：ISBN 978-7-5591-1834-9
定　　价：34.80元

联系电话：024-23284367
邮购热线：024-23284502
E-mail：473074036@qq.com
http://www.lnkj.com.cn

目 录 CONTENTS

手指挂线起针方法（草图实例）

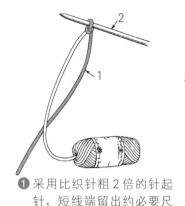

❶ 采用比织针粗 2 倍的针起针，短线端留出约必要尺寸的 3 倍。

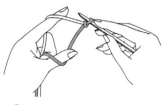

❷ 如图所示将线挂在食指上，短线挂在拇指上。

❸ 如箭头所示方向先从拇指上挑线。

❹ 然后如箭头所示穿过食指线。

❺ 挂在拇指上的线暂时放掉，将线圈拉紧。

❻ 完成第 2 针。

❼ 重复操作步骤❸。

❽ 反复操作步骤❸~❻。

使用钩针起针方法

　　因为端部使用的是锁针，所以编织完后不必处理端部，直接收针。这样的起针也适合双反针编织。使用 2 号粗针，起针针数比必要的针数少 1 针，将棒针穿入钩针上的最后一针。

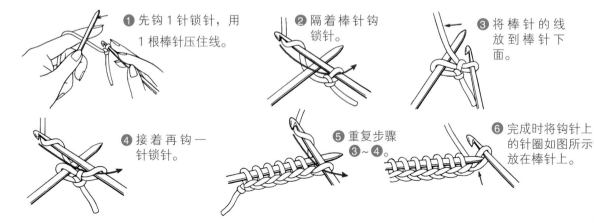

❶ 先钩 1 针锁针，用 1 根棒针压住线。

❷ 隔着棒针钩锁针。

❸ 将棒针的线放到棒针下面。

❹ 接着再钩一针锁针。

❺ 重复步骤❸~❹。

❻ 完成时将钩针上的针圈如图所示放在棒针上。

别色线锁针起针方法

最好采用尼龙线或棉线等易拆的线，先用钩针钩锁针，再用棒针和主线，从锁针背面的里山上挑针。

① 按图示箭头的方向从里山穿入棒针。

② 按箭头的方向挑出线圈。

③ 第1行如图所示。

④ 一边拆起针，一边穿针。

卷针起针方法

因为卷针的起针容易伸展，所以左右针针尖在编织时的间隔不要太宽。这种方法也可以用于编织途中的加针。

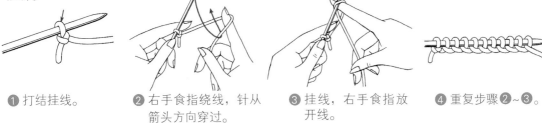

① 打结挂线。

② 右手食指绕线，针从箭头方向穿过。

③ 挂线，右手食指放开线。

④ 重复步骤②~③。

单罗纹起针方法

此起针法容易收缩，适合粗毛线编织。新手可以采用比织罗纹针小一号的棒针进行起针，针上挂线时注意不要松弛，起完针之后再用织罗纹针的针进行编织。

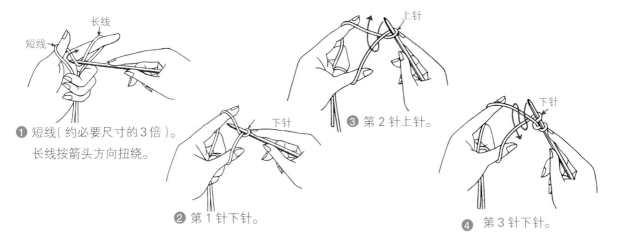

① 短线（约必要尺寸的3倍）。长线按箭头方向扭绕。

② 第1针下针。

③ 第2针上针。

④ 第3针下针。

棒针针法符号

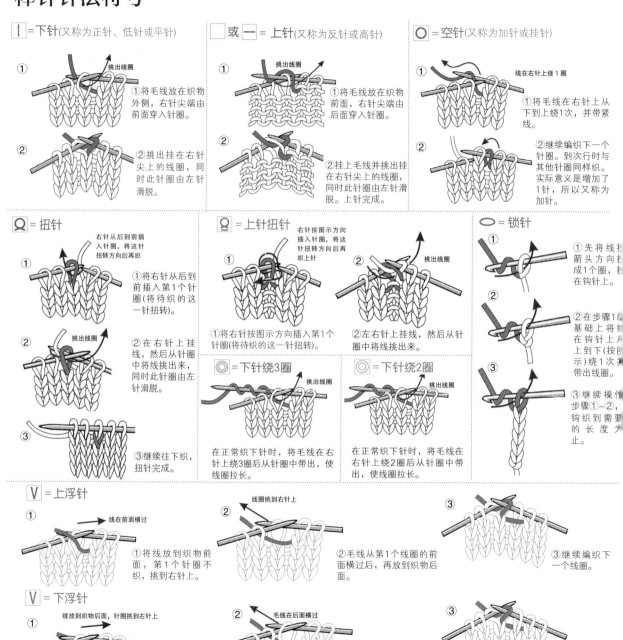

│ = 下针(又称为正针、低针或平针)

① 将毛线放在织物外侧,右针尖端由前面穿入针圈。

② 挑出挂在右针尖上的线圈,同时此针圈由左针滑脱。

□ 或 ─ = 上针(又称为反针或高针)

① 将毛线放在织物前面,右针尖端由后面穿入针圈。

② 挂上毛线并挑出挂在右针尖上的线圈,同时此针圈由左针滑脱。上针完成。

○ = 空针(又称为加针或挂针)

① 将毛线在右针上从下到上绕1次,并带紧线。

② 继续编织下一个针圈。到次行时与其他针圈同样加。实际意义是增加了1针,所以又称为加针。

Ω = 扭针

① 将右针从后到前插入第1个针圈(将待织的这一针扭转)。

② 在右针上挂线,然后从针圈中将线挑出来,同时此针圈由左针滑脱。

③ 继续往下织,扭针完成。

Ω = 上针扭针

① 将右针按图示方向插入第1个针圈(将待织的这一针扭转)。

② 左右针上挂线,然后从针圈中将线挑出来。

○ = 锁针

① 先将线以箭头方向成1个圈,在钩针上。

② 在步骤①基础上将在钩针上上到下(按图示)绕1次带出线圈。

③ 继续操作步骤①~②,钩织到需要的长度止。

◎ = 下针绕3圈

在正常织下针时,将毛线在右针上绕3圈后从针圈中带出,使线圈拉长。

◎ = 下针绕2圈

在正常织下针时,将毛线在右针上绕2圈后从针圈中带出,使线圈拉长。

Ⅴ = 上浮针

① 将线放到织物前面,第1个针圈不织,挑到右针上。

② 毛线从第1个线圈的前面横过后,再放到织物后面。

③ 继续编织下一个线圈。

Ⅴ = 下浮针

① 将线放在织物后面,第1个线圈不织,挑到右针上。

② 毛线从第1个针圈的后面横过。

③ 继续编织下一个线圈。

6

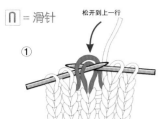 = 滑针 松开到上一行

① 将左针上第1个针圈退出并松开滑到上一行（根据花形的需要也可以滑出多行），退出的针圈和松开的上一行毛线用右针挑起。

② 挑出线圈

②右针从退出的针圈和松开的上一行毛线中挑出毛线，使之形成1个针圈。

③继续编织下一个针圈。

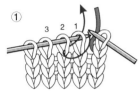 = 中上3针并为1针

3 2 1

①用右针尖从前往后插入左针的第2针、第1针中，然后将左针退出。

②

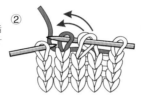

②将线从织物的后面带过，正常织下第3针。再用左针尖分别将第2针、第1针挑过，套住第3针。

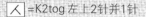

Tips 编织短语

 =K2tog 左上2针并1针

1.按照箭头所示，从2个线圈的左侧将针一次穿入2个线圈中。

2.挂上线并拉出，2个线圈一起编织下针。

3.左上2针并1针就编织完成了。

Ssk 右下2针并针（以下针方向分别滑两针，将左棒针穿过两滑针前方，织成1个下针）

M1（加1针）从下方挑针加1针

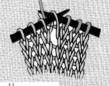 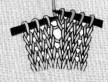

 =Ssk右上2针并1针

1.从内侧将针穿入右侧的线圈中，不编织直接移到右针上。

2.将针穿入左侧的线圈中，挂上线并拉出，编织下针。

3.将左针穿入移到右针的线圈中，将其套在刚刚织的线圈上。

4.这样右上2针并1针就完成了。

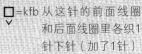

 =kfb 从这针的前面线圈和后面线圈里各织1针下针（加了1针）

7

 Ч／Y = 左加针

①左针第1针正常织。

②左针尖端先从这针的前一行针圈中从后向前挑起针圈。针从前向后插入并挑出线圈。

继续织左针挑起的这个线圈

③继续织左针挑起的这个线圈。实际意义是在这针的左侧增加了1针。

Ⴑ／X = 右加针

①在织左针第1针前，右针尖端先从这针的前一行针圈中从前向后插入。

右针从前向后挑起前一行线圈

②将线在右针上从下到上绕1次，并挑出线，实际意义是在这针的右侧增加了1针。

挑出线圈

③继续织左针上的第1针，然后将此针圈由左针滑脱。

继续织左针上的第1针

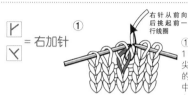
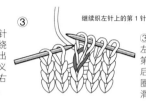

✕✕／✕ = 1针下针右上交叉

挑出线

①第1针不织，移到曲针上，右针按箭头的方向从第2针针圈中挑出绒线。

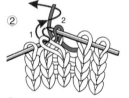

②再正常织第1针(注意：第1针是从织物前面经过的)。

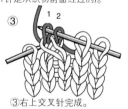

③右上交叉针完成。

✕✕／✕ = 1针下针左上交叉

挑出线

①第1针不织，移到曲针上，右针按箭头的方向从第2针针圈中挑出线。

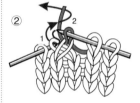

②再正常织第1针(注意：第1针是从织物后面经过的)。

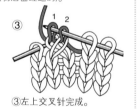

③左上交叉针完成。

✕✕ = 1针扭针和1针上针右上交叉

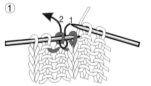

①第1针暂不织，右针按箭头方向插入第2针线圈中。

②在步骤①的第2针线圈中正常织上针。

③第1针扭转方向后，再将右针从上向下插入第1针的线圈中带出线圈（正常织下针）。

✕✕ = 1针扭针和1针上针左

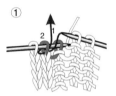

①第1针暂时不织，右针按方向从第1针前插入第2针中（这样操作后这个线圈是被转了方向的）。

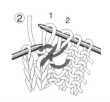

②在步骤①的第2针线圈中正常织下针，然后再在第1针线圈中织上针。

✕✕ = 1针下针和1针上针左上交叉

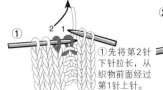

①先将第2针下针拉长，从织物前面经过第1针上针。

②然后织好第2针下针，再来织第1针上针。1针下针和1针上针左上交叉，完成。

✕✕ = 1针下针和1针上针右上交叉

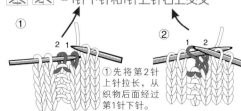

①先将第2针上针拉长，从织物后面经过第1针下针。

②然后织好第2针上针，再织第1针下针。1针下针和1针上针右上交叉，完成。

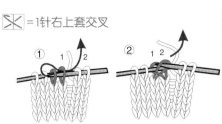 =1针右上套交叉

①右针从第1针、第2针插入，将第2针挑起从第2针的线圈中通过并挑出。

②再将右针由前向后插入第2针，并挑出线圈。

③正常织第1针。

④1针右上交叉，完成。

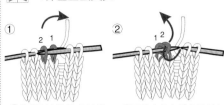 =1针左上套交叉

①将第2针挑起套过第1针。

②再将右针由前向后插入第2针，并挑出线圈。

③正常织第1针。

④1针左上交叉，完成。

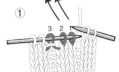 =2针下针和1针上针右上交叉

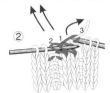

①将第3针上针拉长，从织物后面经过第2针和第3针下针。

②先织第3针上针，再来织第1针和第2针下针。2针下针和1针上针右上交叉，完成。

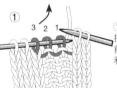 =1针下针和2针上针左上交叉

①将第3针下针拉长，从织物前面经过第2针和第1针上针。

②先织好第3针下针，再来织第1针和第2针上针。1针下针和2针上针左上交叉，完成。

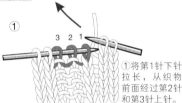 =1针下针和2针上针右上交叉

①将第1针下针拉长，从织物前面经过第2针和第3针上针。

②先织好第2针、第3针上针，再来织第1针下针。1针下针和2针上针右上交叉，完成。

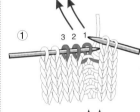 =2针下针和1针上针左上交叉

①将第1针上针拉长，从织物后面经过第2针和第3针下针。

②先织第2针和第3针下针，再来织第1针上针。2针下针和1针上针左上交叉，完成。

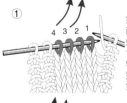 =2针下针右上交叉

①先将第3针、第4针从织物后面经过并分别织好它们，再将第1针和第2针从织物前面经过并分别织好第1针和第2针(在上面)。

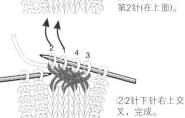

②2针下针右上交叉，完成。

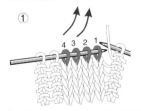 =2针下针左上交叉

①先将第3针、第1针从织物前面经过并分别织它们，再将第1针从织物后面经过并分别织好第1针和第2针(在下面)。

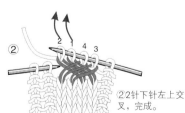

②2针下针左上交叉，完成。

9

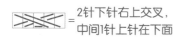 = 2针下针右上交叉，中间1针上针在下面

①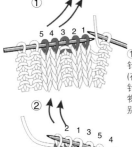

①先织第4针、第5针，再织第6针上针(在下面)，最后将第2针、第1针拉长从织物的前面经过后再分别织第1针和第2针。

②2针下针右上交叉，中间1针上针在下面，完成。

= 2针下针左上交叉，中间1针上针在下面

①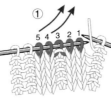

①先将第4针、第5针从织物前面经过，再分别织好第4针、第5针，然后织第3针上针(在下面)，最后将第2针、第1针拉长从上针的前面经过，并分别织好第1针和第2针。

②2针下针左上交叉，中间1针上针在下面，完成。

= 3针下针和1针下针左上交叉

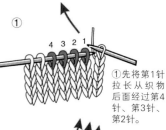

①先将第1针拉长从织物后面经过第4针、第3针、第2针。

②分别织好第2针、第3针、第4针，再织第1针下针左上交叉，完成。

= 3针下针和1针下针右上交叉

①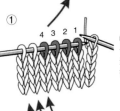

①先将第4针拉长从织物后面经过第4针、第3针、第2针。

②先织第4针，再分别织好第1针、第2针和第3针，3针下针和1针下针右上交叉，完成。

= 3针下针右上交叉

①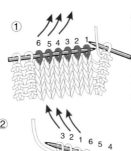

②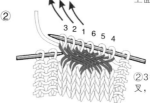

①先将第4针、第5针、第6针从织物后面经过并分别织好它们，再将第1针、第2针、第3针从织物前面经过并分别织好第1针、第2针和第3针(在上面)。

②3针下针右上交叉，完成。

= 3针下针左上交叉

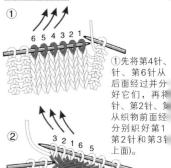

①先将第4针、第5针、第6针从织物后面经过并分别织好它们，再将第1针、第2针、第3针从织物前面经过并分别织好第1针、第2针和第3针(在上面)。

②3针下针左上交叉，完成。

= 3针下针左上套交叉

①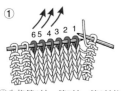

②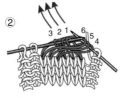

①先将第4针、第5针、第6针拉长并套过第1针、第2针、第3针。

②再正常分别织好第4针、第5针、第6针和第1针、第2针、第3针，3针上左上套交叉针，完成。

= 3针下针右上套交叉

①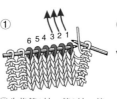

②

①先将第1针、第2针、第3针拉长并套过第4针、第5针、第6针。

②再正常分别织好第4针、第5针、第6针和第1针、第2针、第3针，3针右上套交叉针，完成。

 =4针下针右上交叉

 =4针下针左上交叉

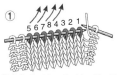
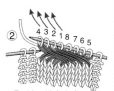

①先将第5针、第6针、第7针、第8针从织物后面经过并分别织好它们，再将第1针、第2针、第3针、第4针从织物前面经过并分别织好第1针、第2针、第3针和第4针(在上面)。

②4针下针右上交叉，完成。

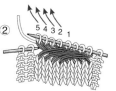

①先将第5针、第6针、第7针、第8针从织物前面经过并分别织好它们，再将第1针、第2针、第3针、第4针从织物后面经过并分别织好第1针、第2针、第3针和第4针(在下面)。

②4针下针左上交叉，完成。

 =在1针中加出3针

 =在1针中加出5针

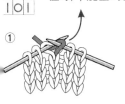

①将线放在织物外侧，右针尖端由前面穿入活结，挑出挂在右针尖上的线圈，左针圈不要松掉。

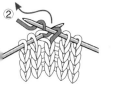

②将线在右针上从下到上绕1次，并带紧线，实际意义是又增加了1针，左线圈仍不要松掉。

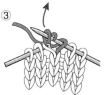

③仍在这一个线圈中继续编织步骤1，1次。此时左针上形成了3个线圈。然后此活结由左针滑脱。

①将线放在织物外侧，右针尖端由前面穿入活结，挑出挂在右针尖上的线圈，左线圈不要松掉。

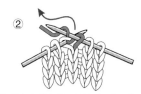

②将线在右针上从下到上绕1次，并带紧线，实际意义是又增加了1针，左线圈仍不要松掉。

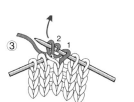

③在1个线圈中继续编织步骤1，1次。此时右针上形成了3个线圈。左线圈仍不要松掉。

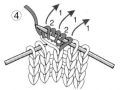

④仍在这一个针线圈中继续编织步骤①~②，1次。此时右针上形成了5个线圈。然后此活结由左针滑脱。

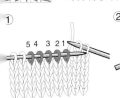 =5针并为1针，又加成5针

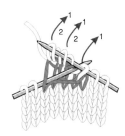

①右针由前向后从第5针、第4针、第3针、第2针、第1针(5个线圈中)插入。

②将线在右针尖端从下往上绕过，并挑出挂在右针尖上的线圈，左针5个线圈不要松掉。

③将线在右针上从下到上绕1次，并带紧线，实际意义是又增加了1针，左线圈不要松掉。

④仍在这5个线圈上继续编织步骤①~②各1次。此时右针上形成了5个线圈。然后这5个线圈由左针滑脱。

圆领毛衣的起织方法（前后片没有区别）

方法是简单地起织所有的领口针目，收尾连接成圈，并开始圈织。

起针数计算方法：

编织密度：16针×25行＝10cm×10cm

如果领口宽30cm，高20cm

起针数：16针×3＝48针

根据不同花样计算起针数，比如你织的是3针下针，2针上针的罗纹花样（共5针），那么起针数为5的倍数，50针。

如果领口特别宽，为了得到你的起针数，在你想要的起始领口位置和肩膀间测量一下长度，然后计算出需要的起针数。

调整领口毛衣的起针数

公式：

领口起织的针数 ＝后领针数＋（袖山针数）×2＋2针前领针数×2

例如：

编织密度：14针×12.5行＝10cm×10cm

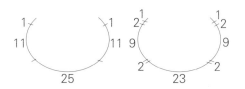

女式毛衣后领尺寸通常在14~17.5cm之间（后领尺寸的测量方法：可以量一件你喜欢的连肩毛衣的后领，或者测量肩膀后面2个耳垂之间的距离）。

袖山尺寸是30%~45%的后领尺寸（传统圆领通常30%，V领会高一些）。

假设后领尺寸为17.5cm，袖山尺寸为后领尺寸的45%，即为7.9cm，按照编织密度，后领起针数为14×1.75≈25针，袖山起针数为14×0.79≈11针。

领口起织的针数＝后领针数＋（袖山针数）×2＋2针前领针数×2＝25+11×2+4=51针。

2|11|25|11|2（ "|"用于标记连肩缝位置，在育克编织过程中需要加减针调整的位置）。

织育克（标记）

　　如果是圆领，标记位置在编织的罗纹花样的最后一圈。按照如下方式：每个袖子大约30％的前后针数。如果起织50针，可以这样分割它们：6|19|6|19|，每根竖条代表一个插肩/标记。在第1针使用记号扣标记，这样就知道这圈起始在哪里。

　　如果是V领，2|11|25|11|2（在4个连肩缝位置各放1个标记）。

注意：连肩缝可以用你想要的任何针迹来代替，在连肩缝两边加针来形成一个窄或宽的缝，如麻花针或者桂花针、罗纹针都可以。

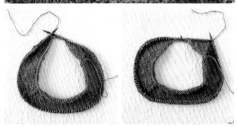

为了前领和后领的针数一致，前领需额外起针

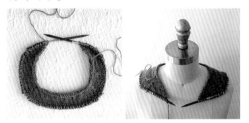

插肩毛衣的领口调整

　　圆领毛衣（前后领相同）：圈织领口边缘（可以织罗纹针，也可以用搓板针或者平针），在最后一圈时用记号扣标记连肩缝。

　　连肩缝的加针：每2行在每个连肩缝里加2针（连肩缝两端可以用1针里面织2针、左加针、右加针、绕线加针等加针方法）。4个肩缝一共加8针。

　　插肩前领口调整的加针方法：行织，在每个正面行（或根据需要）每个连肩缝加针的同时，为了达到想要的领部形状，同时进行与前领右侧相同的方式加针（圆领和V领每2行加针，深V领为每4行加针），这样每个加针行连肩缝位置加8针，2个前领边缘各加1针，共加10针。形成了一个新月形。

　　对于圆领套头毛衣：按照上面方式继续调整领口，一直到所需要的领口深度，且以正面行结束。数一数后领和前领（包含2个前领）针数，相减得到的差就是额外的起针数。为了使前后领针数相同，在起针数的正中间放1个记号扣，标记为这圈的开始位置，然后圈织。

　　对于V领套头毛衣：继续按照上面的方式，一直到前领针数等于后领针数，在最后的一个加针圈，将记号扣放在前领中间针目上，标记为这圈的开始位置，并连接成圈。

　　对于开襟毛衣：按照上面的方法进行领口调整，但是不要连接成圈，继续行织整件毛衣。

完成领和育克

继续编织，套头衫圈织，开襟毛衣行织。在肩缝处加针，一直到前片、后片和袖片达到所需针数。（前片与后片针数至腋下针数）（袖片针数至腋下针数）。然后平织，一直到所需要的育克深度。

上袖和胸围尺寸：

对于新手，建议测量一件适合你的毛衣（或衬衫或运动衫），把它平放，测量一个上臂，然后加倍得到周长。胸部也一样，测量手臂与身体接触的位置，然后加倍。如果测量的是25cm的上袖和88cm的胸围，上袖放大10cm、胸围放大18cm，得到35cm的上袖和106cm的胸围。按照每10cm 14针的标准，这意味着每个袖子49针（1.4针×35），衣身片大约150针（1.4针×106），腋下加针数是整个衣身片针数的8%(150×8%=12针)。

袖片和衣身片：

衣身片150针，前片、后片各75针，除去腋下加

针数12针，前片、后片应该各63针，后片是25针，需要加38针，每次加2针，一共要加19次。

袖片一共要织49针，除去腋下加针数12针，袖针数11针，49-12-11=26针，需要加26针。每次加2针，一共要加13次。当袖片加13次达到所需的针数时，衣身片继续再加针6次，一直到所需要的针数。

完成时，前片、后片各 63针，袖片各37针。63|37|63|37。

分离衣身片和袖片

当织到第1个连肩标记位置时，将左袖的针目单独移到一个大别针上待用（例子中的37针），起织腋下针目(12针)，将腋下中间针目用记号扣标记，继续编织后片针目，一直到下一个记号扣标记位置，将右袖的针目单独移到一个大别针上待用（例子中的是37针），起织腋下针目（12针），将腋下中间针目用记号扣标记。一直织到记号扣标记的圈起始位置（套头毛衣）或者这行结束（开襟毛衣）。

完成衣身片和袖片

衣身片：

继续按照需要花样及形状进行调整，直到所需的长度。最后对下摆进行处理，收针断线。

袖片：

将袖片大别针上的针目放到棒针

上，在腋下加针位置挑织每一针（中间位置用记号扣标记），连接成圈，一直织到需要的长度，最后处理袖口，收针断线(为了尽量减少腋下角的洞，在腋下起织针和袖片之间的间隙中多织1针，然后在下一圈里减少1针）。

从上往下织儿童毛衣

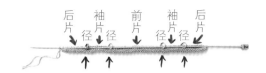

作品 1

[编织密度]24针×32行=10cm²

[工　　具]3.0mm棒针，1根缝衣针，
　　　　　3个大别针，记号扣

[材　　料]150g浅灰色线

[编织要点]

本作品适合1~24个月的宝宝，本作品的尺寸规格针对的是9~12个月的宝宝。
毛衣是从领口往下织平针，一片编织而成。

领口：

起织78针，织7行平针。

育克（行织）：

下一行（正面行）：13针下针作为后片，记号扣标记，2针下针为径，9针下针作为袖片，记号扣标记，2针下针为径，26针下针作为前片，记号扣标记，2针下针为径，9针下针作为袖片，记号扣标记，2针

下针为径，13针下针作为后片。
接下来所有的反面行织上针。
正面行按照如下方式加针：（织下针，一直到记号扣标记位置移除记号扣，左加针，放回记号扣，2针下针，右加针）×4次，共加了8针。继续按照上面的方式织，一直到后片34针，袖片各51针，前片68针（不包含4个2针的径）。即正面行每行加8针，一共加了21次。
接下来分后片、前片和袖片。
35针下针（后片34针+径1针）放在大别针上。

按照花样织平针

前片68针

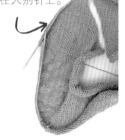

35针下针（后片34针+径1针）放在大别针上。

袖片51针　　　　　袖片51针

后片34针　　后片34针

53针下针（径1针+袖片51针+径1针）待织。
70针下针（径1针+前片68针+径1针）放在大别针上。
53针下针（径1针+袖片51针+径1针）放在大别针上。
35针下针（后片34针+径1针）放在大别针上。

袖片53针织下针（径1针+袖片51针+径1针），这些针目放在当前棒针的左边。

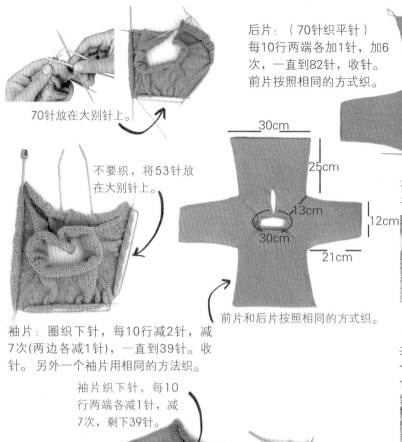

70针放在大别针上。

后片：（70针织平针）
每10行两端各加1针，加6次，一直到82针，收针。
前片按照相同的方式织。

不要织，将53针放在大别针上。

后片70针，
每10行两端各加1针，加6次，一直到82针。

30cm

25cm

13cm

30cm

12cm

21cm

前片和后片按照相同的方式织。

袖片：圈织下针，每10行减2针，减7次(两边各减1针)，一直到39针。收针。另外一个袖片用相同的方法织。

袖片织下针，每10行两端各减1针，减7次，剩下39针。

袖片荷叶边：
在袖片第1次的加针圈位置挑9针。

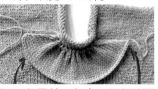

第1个荷叶边挑9针。

（接下来1针里放4针）×9次，共36针。接下来织13行平针，每个正面行的两端各加1针。共加了12针，织完共48针。

织13行平针，每个正面行的两端各加1针。

第2个荷叶边：在图片位置挑24针。接下来每针里织出2针，共48针。再织13行平针，每个正面行的两端各加1针。共加了12针，织完共60针。

另外一个袖片用相同的方法织。

第2个荷叶边挑24针。

16

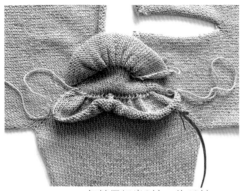

每针里织出2针，共48针。
荷叶边织完后用熨斗熨一下，保持平整和
对应的形状。

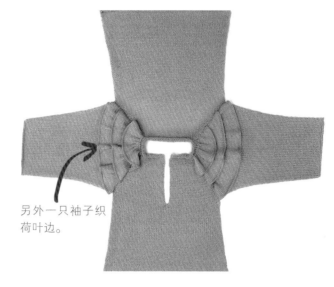

另外一只袖子织
荷叶边。

第3个荷叶边：在图片位置挑40针，然后每针里织
出2针，共80针。接下来织13行平针，每个正面行
的两端各加1针。共加了12针，织完共92针。

用缝衣针将荷叶边缝合
到肩缝，缝合边缝。

织第3个荷叶边。

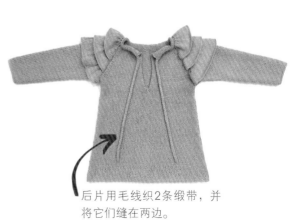

后片用毛线织2条缎带，并
将它们缝在两边。

作品 2

[编织密度]24针×32行=10cm²

[工　　具]3.0mm棒针，1根缝衣针、3个大别针

[材　　料]不同颜色的棉线（乳白色、柠檬黄色、杏色、
　　　　　粉色、浅灰色、天蓝色、绿色、橘色、紫色），
　　　　　4颗纽扣

[编织要点]

本作品适合1~24个月的宝宝，本作品的尺寸规格针对
的是12~24个月的宝宝。

育克编织：

第1~4行：起织76针，织4行搓板针。

第5行：换成柠檬黄色棉线，织76针上针。

第6行：织76针上针。

第7行：13针下针（后片），加1针，2针下针，加1
针，10针下针（袖片），加1针，2针下针，加1针，
22针下针（前片），加1针，2针下针，加1针，10针
下针（袖片），加1针，2针下针，加1针，13针下针
（后片）。

第8行：织84针上针。

第9行：14针下针，加1针，2针下针，加1针，12针
下针，加1针，2针下针，加1针，24针下针，加1针，
2针下针，加1针，12针下针，加1针，2针下针，加1
针，14针下针。

第10行：织92针上针。

儿童年龄	合适的胸围尺寸	最终完成的尺寸
0~3 个月	50cm	50cm
6~18 个月	60cm	60cm

第11行：换成乳白色棉线，15针下针，加1针，2针下
针，加1针，14针下针，加1针，2针下针，加1针，
26针下针，加1针，2针下针，加1针，14针下针，加
1针，2针下针，加1针，15针下针。

第12行：织100针下针。

第13行：16针下针，加1针，2针下针，加1针，16针
下针，加1针，2针下针，加1针，28针下针，加1针，
2针下针，加1针，16针下针，加1针，2针下针，加1
针，16针下针。

第14行：织108针下针。

第15行：换成杏色棉线，17针下针，加1针，2针下
针，加1针，18针下针，加1针，2针下针，加1针，
30针下针，加1针，2针下针，加1针，18针下针，加
1针，2针下针，加1针，17针下针。

第16行：织116针上针。

第17行：18针下针，加1针，2针下针，加1针，20针
下针，加1针，2针下针，加1针，32针下针，加1针，
2针下针，加1针，20针下针，加1针，2针下针，加1
针，18针下针。

第18行：织124针上针。

第19行：19针下针，加1针，2针下针，加1针，22针
下针，加1针，2针下针，加1针，34针下针，加1针，
2针下针，加1针，22针下针，加1针，2针下针，加1
针，19针下针。

第20行：织132针上针。

第21行：换成乳白色棉线，20针下针，加1针，2针下
针，加1针，24针下针，加1针，2针下针，加1针，
36针下针，加1针，2针下针，加1针，24针下针，加
1针，2针下针，加1针，20针下针。

第22行：织140针下针。

第23行：21针下针，加1针，2针下针，加1针，26针
下针，加1针，2针下针，加1针，38针下针，加1针，
2针下针，加1针，26针下针，加1针，2针下针，加1
针，21针下针。

第24行：织148针下针。

第25行：换成粉色棉线，22针下针，加1针，2针下

针，加1针，28针下针，加1针，2针下针，加1针，40针下针，加1针，2针下针，加1针，8针下针，加1针，2针下针，加1针，22针下针。

第26行：织156针上针。

第27行：23针下针，加1针，2针下针，加1针，30针下针，加1针，2针下针，加1针，42针下针，加1针，2针下针，加1针，30针下针，加1针，2针下针，加1针，23针下针。

第28行：织164针上针。

第29行：24针下针，加1针，2针下针，加1针，32针下针，加1针，2针下针，加1针，44针下针，加1针，2针下针，加1针，32针下针，加1针，2针下针，加1针，24针下针。

第30行：织172针上针。

第31行：换成乳白色棉线，25针下针，加1针，2针下针，加1针，34针下针，加1针，2针下针，加1针，46针下针，加1针，2针下针，加1针，34针下针，加1针，2针下针，加1针，25针下针。

第32行：织180针下针。

第33行：26针下针，加1针，2针下针，加1针，36针下针，加1针，2针下针，加1针，48针下针，加1针，2针下针，加1针，36针下针，加1针，2针下针，加1针，26针下针。共188针。

第34行：29针下针（后片的一半，放在大别针上），收38针（袖片），54针下针（前片），收38针（袖片），29针下针（后片的另外一半）。

注意：彩色棉线和乳白色棉线间的变换，用乳白色棉线织4行搓板针，用其他颜色织6行。

加针，不同颜色棉线和乳白色棉线间变换。

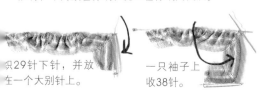

织29针下针，并放在一个大别针上。

一只袖子上收38针。

前片织54针下针，放在一边待用。

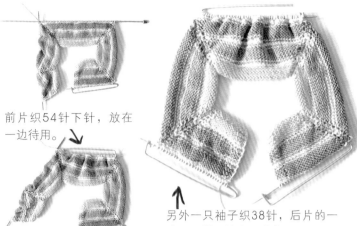

另外一只袖子织38针，后片的一边织29针，放在一边待用。

前片：继续编织前片，注意彩色棉线和乳白色棉线间的变换。在每个正面行，织2针下针，加1针，接下来织下针，一直到最后剩下2针，加1针，织2针下针。按照这种方式，继续编织，一直到64针。

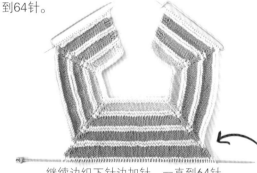

一旦到了64针，乳白色棉线第4行最开始加5针，接下来全部织下针，最后加5针。

继续边织下针边加针，一直到64针。

在这行开始和结束位置各加5针。

下一行，换成天蓝色棉线，织37针下针（包含了前面加的5针，一直到了前片的正中间）。

起织22针，剩下的37针织下针。棒针上一共96针。

这96针继续行织下针，一直到存在19个条纹（10个彩色，9个乳白色），一共96行。

换成天蓝色棉线，
织37针下针。

起22针。

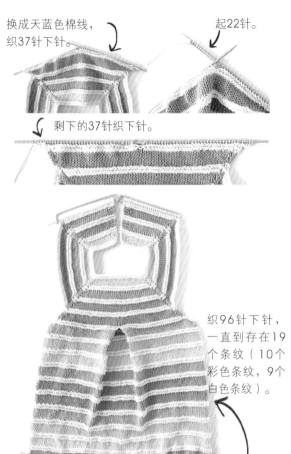

剩下的37针织下针。

织96针下针，
一直到存在19
个条纹（10个
彩色条纹，9个
白色条纹）。

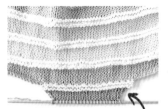

每行开始和结尾各收1
针，一直到剩下20针。

乳白色棉线织5行20针的
下针，第6行收针断线。

乳白色棉线织5行20针的下针，第6行收针断线。

背心后片：
开始织后片，大别针上
留29针，将25针移到
棒针上，将剩下的4针
与另外一个大别针上
的前4针交替。最后将
剩余的25针放在棒针
上。

将25针移到棒针上。

将剩下的4针与另外一个大别针上的前4针交替。

这将为后门襟提供一个位置，稍后我们将在此处添加
按扣。

织后门襟

后门襟。

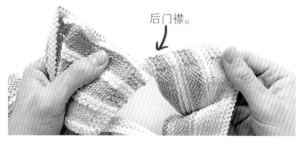

前片裤裆：
正面行：换成柠檬黄色棉线，收33针，换成
乳白色棉线，织31针下针，收剩下的32针。
接下来每行开始和结尾各收1针，一直到剩下
20针。

柠檬黄色棉线，织33针，换成乳白色棉线，织
31针下针，换成橘色棉线将剩下的32针收掉。

下一行，换成紫色棉线，织2针下针，加1针，23针下针，2针并1针×4次，23针，加1针，2针下针。

接下来两端分别加1针，按照和前片相同的方式，一直到64针。

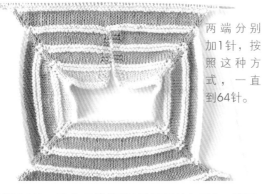

两端分别加1针，按照这种方式，一直到64针。

一旦到了64针，乳白色棉线第4行最开始加5针，接下来全部织下针，最后加5针。一共74针。

继续编织，不要忘记条纹花样在乳白色和其他颜色间变化，同前片一样。

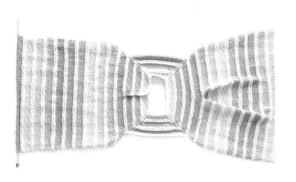

织后片裤裆

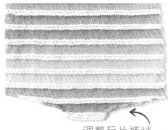

正面行，用柠檬黄色棉线，收7针，换成乳白色棉线，接下来织下针，到行尾的下一行，收另外7针，接下来织下针到行尾。接下来每行开始各收5针，一直到剩下20针。用乳白色棉线，织5行20针的下针。第6行收针断线。

调整后片裤裆

缝合，将线头剪断。

用乳白色棉线和缝衣针，缝合边角。

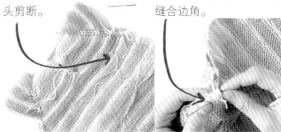

缝合裤裆：
用棒针沿着腿部挑织74针，虽然你挑织的针数可能不同，不过没有关系，最重要的是从两条腿上要挑织相同的针目。

用棒针沿着腿部开口挑织74针。

织4行下针。

按照图示方法完成中间的褶皱

把褶皱缝到底部。

缝到乳白色条纹

作品3

[编织密度]1~2岁平针22针×28行=10cm²，4岁、6岁、8岁、10岁、12岁、14岁平针17针×24行=10cm²

[工　　　具]1~2岁用3.5mm棒针，4岁、6岁、8岁、10岁、12岁、14岁用5mm棒针，8个记号扣，2根缝衣针，麻花针，43cm短环形针，别针

[材　　　料]绿色羊驼线（200g，210g，220g，240g，275g，290g，320g，350g）

[编织要点]

本样衣所示尺寸：4岁（胸围59cm），穿上后没有觉得宽松（即标准胸围与实际胸围大小一样）。

这件衣服是从领口开始从上往下圈织而成的，建议新手使用环形针编织。

肩部是从领口织到腋下，通过前片和后片不同程度地加针创建一个凸起的后领。然后将衣袖针放到别针上，衣身圈织至下摆。最后衣袖片下圈织至袖口完成。

肩部：

用43cm短环形针织最小码，用一般起针法起（62、66、58、58、62、62、66、70）针，圈织。

正面织1圈下针，注意不要扭针。

记号扣分布：用3种不同颜色的记号扣，方便区分起点、插肩针和衣袖叶子图案。如下做记号。

1个记号扣A：标记起点（也是后片右插肩）

3个记号扣C：标记插肩

4个记号扣B：标记叶子织片

注意：在织4岁和6岁尺码时不放记号扣B，这两个尺码的衣花样会在记号扣C之间织。

开始放记号扣A，标记圈起点位置，[1（2、0、0、1、1、2、3）针上针，放记号扣B，在接下来的27针上织衣袖叶子花样第1圈，放记号扣B，（1、2、0、0、1、1、2、3）针上针，放记号扣C，2针下针（前片），放记号扣C，重复中括号内操作，放记号扣C，2针上针（后片）。

下一圈：按花样1（见p.28），在记号扣之间织衣袖第2圈。

儿童年龄	胸围尺寸	衣身长度
1 岁	45.5cm	20cm
2 岁	53cm	22.5cm
4 岁	59cm	25.5cm
6 岁	63.5cm	27.5cm
8 岁	68cm	32.5cm
10 岁	70.5cm	35cm
12 岁	75cm	38.5cm
14 岁	80cm	40cm

右加针

左加针

前片：（18，18，18，18，22，18，26，30）针。

第2步：

1、2岁儿童的尺寸：

注意：前片和后片，在每一圈的插肩记号扣之间加针，衣袖根据花样1编织。

第1圈加针圈：按花样织到记号扣C，滑动记号扣，1针下针，左加1针，下针织到下一个记号扣前1针，右加1针，1针下针，滑动记号扣，按花样织到记号扣C，滑动记号扣，右加针，2针下针，左加针，滑动记号扣，共加了4针。

第2圈加针圈：按花样织到记号扣C，滑动记号扣，（1针下针，左加1针，下针织到下一个记号扣前1针，右加1针，1针下针）。重复括号内动作1次，共加了4针。

最后1圈加针圈再重复织（2，4）次。

4、6、8、10、12岁儿童的尺寸：

注意：前片上每隔一圈在插肩记号扣之间加针，后片不加不减针织，衣袖继续根据花样1织。

加针圈：按花样织到记号扣C，滑动记号扣，1针下针，左加1针，下针织到下一个记号扣前1针，右加1针，1针下针，滑动记号扣，按花样织到记号扣C，滑动记号扣，2针上针，共加了2针。

下一圈：按花样不加不减针织。

最后2圈再重复织（1，2，1，3，0）次。

14岁儿童的尺寸：

跳到第3步。

在插肩记号扣之间，会有下列针：

衣袖：（51，49，45，47，47，49，51）针。

后片：（10，14，2，2，2，2，2，2）针。

前片：（26，30，22，24，26，26，28，30）针。

第3步：

注意：后片，在每一圈的插肩记号扣之间加针。前片上每隔一圈在插肩记号扣之间加针，衣袖继续根据花样1织。完成花样1第24圈后，重复织第13~24圈。

插肩造型：

注意：前片，在每一圈的插肩记号扣之间加针，后片不加不减针织。衣袖从第3圈开始根据花样1织。当针数不再适合在短环形针上织时，换成长环形针。

第1步：

第1圈加针圈：按花样织到记号扣C，滑动记号扣，右加针，2针下针，左加针，滑动记号扣，按花样织到记号扣C，滑动记号扣，2针上针，共加了2针。

第2圈加针圈：按花样织到记号扣C，滑动记号扣，1针下针，左加1针（将左手针从前往后插入刚织的一针与下一针之间的水平线下面，然后右手针插入被提起线的后面线圈织1针下针），下针织到下一个记号扣前1针，右加1针（将左手针从后往前插入刚织的一针与下一针之间的水平线下面，然后右手针插入被提起线的前面线圈织1针下针），1针下针，滑动记号扣，按花样织到记号扣C，滑动记号扣，2针上针，共加了2针。

最后1圈加针圈再重复织（6，6，6，6，8，6，10，12）次。

在插肩记号扣之间，你会有下列针：

衣袖（43，45，41，41，47，43，49，51）针。

后片：2针。

1、2岁儿童的尺寸：

第1圈加针圈：（按花样织到记号扣C，滑动记号扣，1针下针，左加1针，下针织到下一个记号扣前1针，右加1针，1针下针，滑动记号扣）。重复括号内动作1次，共加了4针。

第2圈加针圈：按花样织到第3个记号扣C（后片左肩），滑动记号扣，1针下针，左加1针，下针织到起点记号扣前1针，右加1针，1针下针，共加了2针。

最后2圈加针圈再重复织（6，6）次。

4、6、8、10、12、14岁儿童的尺寸：

第1圈加针圈：按花样织到记号扣C，滑动记号扣，1针下针，左加1针，下针织到下一个记号扣前1针，右加1针，1针下针，滑动记号扣，按花样织到记号扣C，滑动记号扣，右加针，2针下针，左加针，共加了4针。

第2圈加针圈：按花样织到第3个记号扣C（后片左肩），滑动记号扣，1针下针，左加1针，下针织到圈起点记号扣前1针，右加1针，1针下针，共加了2针。

第3圈加针圈：按花样织到记号扣C，滑动记号扣，1针下针，左加1针，下针织到下一个记号扣前1针，右加1针，1针下针，滑动记号扣。重复动作1次，共加了4针。

第4圈加针圈：按花样织到第3个记号扣C（后片左肩），滑动记号扣，1针下针，左加1针，下针织到圈起点记号扣前1针，右加1针，1针下针，共加了2针。

最后2圈再重复织（7、8、9、9、10、11）次。

在插肩记号扣之间，你会有下列针：

衣袖：（47、49、45、45、51、47、49、51）针。

后片：（38、42、38、42、46、46、50、54）针。

前片：（40、44、40、44、48、48、52、56）针。

第4步：

注意：在每一个插肩记号扣两侧加针，前片和衣袖上每隔一圈，后片上每一圈加针。

4、6岁儿童的尺寸：

第1圈加针圈：[加1针上针（将左手针从前往后插入两针之间的水平线下面，然后右手针插入被提起线的后面线圈织1针上针），放记号扣B，按花样织到记号扣C，放记号扣B，加1针上针，滑动记号扣C，1针下针，左加1针，下针织到记号扣C前1针，右加1针，1针下针，滑动记号扣]。重复中括号内动作1次，共加了8针。

第2圈加针圈：按花样织到第3个记号扣C（后片左肩），滑动记号扣，1针下针，左加1针，下针织到圈起点记号扣前1针，右加1针，1针下针，共加了2针。

8、10、12、14岁儿童的尺寸：

第1圈加针圈：[在同一针里织上针和扭针（插入前面线圈织1针上针后不松掉针眼，然后在这一针的后面线圈织1针上针，同时松掉针眼），按花样织到记号扣C前1针，在同一针里织上针和扭针，滑动记号扣，1针下针，左加1针，下针织到下一个记号扣前1针，右加1针，1针下针，滑动记号扣]。重复中括号内动作1次，共加了8针。

第2圈加针圈：按花样织到第3个记号扣C（后片左肩），滑动记号扣，1针

下针，左加1针，下针织到圈起点记号扣前1针，右加1针，1针下针，共加了2针。

肩部造型完成，终止于叶子花样的第（18、20、22、14、16、18、18、20）圈。记下已完成的最后1圈叶子花样。稍后当你织衣袖时，你需要从这个点重新开始。

在记号扣之间，你会有下列针：

后片、前片：（42、46、42、46、50、50、54、58）针。

衣袖：（49、51、47、51、49、49、51、53）针。

总共有（182、194、178、194、198、198、210、222）针。

分开织衣袖和衣身：

取下圈起点记号扣，将接下来的（49、51、47、51、49、49、51、53）针衣袖针和记号扣B滑至别针上，取下记号扣C，用反向循环起法起（4、6、4、4、4、5、5、5）针，放一个圈起点记号扣，起（4、6、4、4、4、5、5、5）针，下针织（42、46、42、46、50、50、54、58）针前片针，取下记号扣C，将接下来的（49、51、47、51、49、49、51、53）针衣袖针和记号扣B滑到另一根别针上，取下记号扣C，用织线起（8、12、8、8、8、10、10、10）针，下针织（42、46、42、46、50、50、54、58）针后片花样针，且下针织起的腋下针至圈起点记号扣。

总共有（100、116、100、108、116、120、128、136）针织衣身。

衣身：

从分开处开始，继续织（22、28、26、32、44、52、58、62）圈平针，按如下在最后1圈上减1针：（74、86、74、80、86、89、95、101）针下针，左下2针并1针（以下针方式，将右手针插入左手针上2针前方，织成1针下针），下针织到本圈结束，一共有（99、115、99、107、115、119、

127、135）针。

注意：如果要改变衣身长度，记住行的密度判断，而不是通过测量织片，因为这会产生更加精确的结果。另外，要考虑到后片叶子图案的长（1、2岁长度为11.5cm，4、6、8、10、12、14岁长度为13cm）。

下一圈：（50、62、50、56、62、65、71、77）针下针，放记号扣C，在接下来的49针上织后片叶子花样第1圈，放记号扣C，（0、4、0、2、4、5、7、9）针下针。

继续织平针，在记号扣C之间织后片叶子花样的第2~32圈。

下一圈：全织上针，取下记号扣C。

下一圈：下针。

将所有针收针。

衣袖（2只）：

注意：你可以在腋下针的两端各另挂针，以避免出现洞，然后在下一圈将它们织成并针。

将别针上的（49、51、47、51、49、49、51、53）针衣袖针移至环形上。

在腋下中心接上线，沿着腋下起针挑起（4、6、4、4、4、5、5、5）针并织下针，按已建花样接下来（49、51、47、51、49、49、51、53）针，记号扣B，沿着腋下起针挑起剩余的（4、6、4、4、4、5、5、5）针并织下针，放一个记号扣记圈起点，连接成环圈织，共（57、63、55、59、57、59、61、63）针。继续按花样织，在记号扣B之间织衣袖叶子花样1，且所有其他针织上针。

完成叶子花样1的第24圈之后，再重织第13~24圈（3、4、3、3、4、5、6、6）次，然后织第25~42圈。

将所有（35、41、33、33、35、37、39、41）针收针。

衣袖叶子花样织法：

织第1~24圈，然后按照图示重复织13~24圈，再织第25~42圈。

第1~2圈：12针上针，3针下针，12针上针，共27针。

第3圈：12针上针，（1针下针，上针加1针）×2次，1针下针，12针上针，共29针。

第4圈：12针上针，（1针下针，1针上针）×2次，1针下针，12针上针。

第5圈：左上2针并1针（以上针方式，将右手针插入左手针上2针前方，织成1针上针），10针上针，挂针，1针下针，挂针，在同一针里织上针和扭针，1针下针，在同一针里织上针和扭针，挂针，1针下针，挂针，10针上针，左上2针并1针，共33针。

第6圈：11针上针，3针下针，2针上针，1针下针，2针上针，3针下针，11针上针。

第7圈：左上2针并1针，9针上针，（1针下针，挂针）×2次，1针下针，在同一针里织上针和扭针，1针下针，在同一针里织上针和扭针，1针上针，（1针下针，挂针）×2次，9针上针，左上2针并1针，共37针。

第8圈：10针上针，5针下针，3针上针，1针下针，3针上针，5针下针，10针上针。

第9圈：左上2针并1针，8针上针，2针下针，挂针，1针下针，挂针，2针下针，2针上针，在同一针里织上针和扭针，1针下针，在同一针里织上针和扭针，2针上针，2针下针，挂针，1针下针，挂针，2针下针，8针上针，左上2针并1针，共41针。

第10圈：9针上针，7针下针，4针上针，1针下针，4针上针，7针下针，9针上针。

第11圈：左上2针并1针，7针上针，3针下针，挂针，1针下针，挂针，3针下针，3针上针，在同一针里织上针和扭针，1针下针，在同一针里织上针和扭针，3针上针，3针下针，挂针，1针下针，挂针，3针下针，7针上针，左

上2针并1针，共45针。

第12圈：8针上针，9针下针，5针上针，1针下针，5针上针，9针下针，8针上针。

第13圈：左上2针并1针，6针上针，4针下针，挂针，1针下针，挂针，4针下针，3针上针，在同一针里织上针和扭针，3针下针，在同一针里织上针和扭针，3针上针，4针下针，挂针，1针下针，挂针，4针下针，6针上针，左上2针并1针，共49针。

第14圈：7针上针，11针下针，5针上针，3针下针，5针上针，11针下针，7针上针。

第15圈：左上2针并1针，5针上针，左下2针并1针，7针下针，右下2针并1针（以下针方式分别滑2针至右手针，将左手针插入两滑针前方，织成1针下针），5针上针，1针下针，（上针加1针，1针下针）×2次，5针上针，左下2针并1针，7针下针，右下2针并1针，5针上针，左上2针并1针，共45针。

第16圈：6针上针，9针下针，5针上针，（1针下针，1针上针）×2次，1针下针，5针上针，9针下针，6针上针。

第17圈：左上2针并1针，4针上针，左下2针并1针，5针下针，左下2针并1针，5针上针，挂针，1针下针，挂针，在同一针里织上针和扭针，1针下针，在同一针里织上针和扭针，挂针，1针下针，挂针，5针上针，左下2针并1针，5针下针，右下2针并1针，4针上针，左上2针并1针。

第18圈：5针上针，7针下针，5针上针，3针下针，2针上针，1针下针，2针上针，3针下针，5针上针，7针下针，5针上针。

第19圈：左上2针并1针，3针上针，左下2针并1针，3针下针，右下2针并1针，5针上针，（1针下针，挂针）×2次，1针下针，1针上针，在同一针里织上针和扭针，1针下针，在同一针

里织上针和扭针，1针上针，（1针下针，挂针）×2次，1针下针，5针上针，左下2针并1针，3针下针，右下2针并1针，3针上针，左上2针并1针。

第20圈：4针上针，5针下针，5针上针，5针下针，3针上针，1针下针，3针上针，5针下针，5针上针，5针下针，4针上针。

第21圈：左上2针并1针，2针上针，左下2针并1针，1针下针，右下2针并1针，5针上针，2针下针，挂针，1针下针，挂针，2针下针，2针上针，在同一针里织上针和扭针，1针下针，在同一针里织上针和扭针，2针上针，2针下针，挂针，1针下针，挂针，2针下针，5针上针，左下2针并1针，1针下针，右下2针并1针，2针上针，左上2针并1针。

第22圈：3针上针，3针下针，5针上针，7针下针，4针上针，1针下针，4针上针，7针下针，5针上针，3针下针，3针上针。

第23圈：左上2针并1针，1针上针，右下3针并1针（以下针方式滑1针，左下2针并1针，将滑针套过并针），5针上针，3针下针，挂针，1针下针，挂针，3针下针，2针上针，在同一针里织上针和扭针，3针下针，在同一针里

织上针和扭针，2针上针，3针下针，挂针，1针下针，挂针，3针下针，5针上针，右下3针并1针，1针上针，左上2针并1针，共45针。

第24圈：8针上针，9针下针，4针上针，3针下针，4针上针，9针下针，8针上针。

第25圈：左上2针并1针，6针上针，4针下针，挂针，1针下针，挂针，4针下针，2针上针，左上2针并1针，（1针下针，挂针）×2次，1针下针，左上2针并1针，4针下针，挂针，1针下针，挂针，4针下针，6针上针，左上2针并1针，共47针。

第26圈：7针上针，11针下针，3针上针，5针下针，3针上针，11针下针，7针上针。

第27圈：7针上针，左下2针并1针，7针下针，右下2针并1针，3针上针，2针下针，挂针，1针下针，挂针，2针下针，3针上针，左下2针并1针，7针下针，右下2针并1针，7针上针，共

45针。

第28圈：7针上针，9针下针，3针上针，7针下针，3针上针，9针下针，7针上针。

第29圈：7针上针，左下2针并1针，5针下针，右下2针并1针，3针上针，3针下针，挂针，1针下针，挂针，3针下针，3针上针，左下2针并1针，5针下针，右下2针并1针，7针上针，共43针。

第30圈：7针上针，7针下针，3针上针，9针下针，3针上针，7针下针，7针上针。

第31圈：7针上针，左下2针并1针，3针下针，右下2针并1针，3针上针，4针下针，挂针，1针下针，挂针，4针下针，3针上针，左下2针并1针，3针下针，右下2针并1针，7针上针，共41针。

第32圈：7针上针，5针下针，3针上针，11针下针，3针上针，5针下针，7针上针。

第33圈：7针上针，左下2针并1针，1针下针，右下2针并1针，3针上针，左下2针并1针，7针下针，右下2针并1针，3针上针，左下2针并1针，1针下针，右下2针并1针，7针上针，共35针。

第34圈：7针上针，3针下针，3针上针，9针下针，3针上针，3针下针，7针上针。

第35圈：7针上针，右下3针并1针，3针上针，左下2针并1针，5针下针，右下2针并1针，3针上针，右下3针并1针，7针上针，共29针。

第36圈：11针上针，7针下针，11针上针。

第37圈：11针上针，左下2针并1针，3针下针，右下2针并1针，11针上针，共27针。

第38圈：11针上针，5针下针，11针上针。

第39圈：11针上针，左下2针并1针，1针下针，右下2针并1针，11针上针，共25针。

第40圈：11针上针，3针下针，11针上针。

第41圈：11针上针，右下3针并1针，11针上针，共23针。

第42圈：23针上针。

后片叶子花样织法：

第1圈：22针下针，1针下针右叉（滑1针至麻花针上并放在织片上方，织1针下针，然后下针织麻花上1针），1针下针，1针下针右叉（滑1针至麻花针上并放在织片上方，织1针下针，然后下针织麻花1针），22针下针。

第2圈：49针下针。

第3圈：21针下针，1针下针和1针左上交叉（滑1针至麻花针上并放织片后方，从左手针上织1针下针然后上针织麻花上1针），（1针下针，上针加1针）×2次，1针下针，1针下针和1针上针右上交叉（滑1针麻花针上并放在织片前方，从左手上织1针上针，然后下针织麻花针1针），21针下针，共51针。

第4圈：22针下针，（1针上针，1下针）×3次，1针上针，22针下针。

第5圈：20针下针，T2B，1针上针挂针，1针下针，挂针，在同一针里上针和扭针，1针下针，在同一针里上针和扭针，挂针，1针下针，挂针1针上针，T2F，20针下针，共57针。

第6圈：21针下针，2针上针，3针下针，2针上针，1针下针，2针上针，3针下针，2针上针，21针下针。

第7圈：19针下针，左下2针并1针，1针上针，（1针下针，挂针）×2次，1针下针，1针上针，在同一针里织1针和扭针，1针下针，在同一针里织1针和扭针，1针上针，（1针下针，挂针）×2次，1针下针，2针上针，右下2针并1针，19针下针，共61针。

第8圈：20针下针，2针上针，5针下针，3针上针，1针下针，3针上针，5针下针，2针上针，20针下针。

9圈：18针下针，左下2针并1针，2上针，2针下针，挂针，1针下针，2针下针，2针上针，在同一针织上针和扭针，1针下针，在同一里织上针和扭针，2针上针，2针下，挂针，1针下针，挂针，2针下，2针上针，右下2针并1针，18针，共65针。

10圈：19针下针，2针上针，7针下，4针上针，1针下针，4针上针，7针，2针上针，19针下针。

11圈：17针下针，左下2针并1针，扭上针，3针下针，挂针，1针下针，3针下针，3针上针，在同一针织上针和扭针，1针下针，在同一里织上针和扭针，3针上针，3针下，挂针，1针下针，挂针，3针下，2针上针，右下2针并1针，17针，共69针。

12圈：18针下针，2针上针，9针下，5针上针，1针下针，5针上针，9下针，2针上针，18针下针。

13圈：16针下针，左下2针并1针，2上针，4针下针，挂针，1针下针，挂针，4针下针，5针上针，挂针，1针下针，挂针，5针上针，4针下针，挂针，扭下针，挂针，4针下针，2针上针，左下2针并1针，16针下针，共73针。

14圈：17针下针，2针上针，11针，5针上针，3针下针，5针上针，11针下针，2针上针，17针。

15圈：15针下针，左下2针并1针，扭上针，左下2针并1针，7针下，下2针并1针，5针上针，（1针下，挂针）×2次，1针下针，5针上，左下2针并1针，7针下针，右下2针并1针，2针上针，右下2针并1针，17针下针，共69针。

16圈：16针下针，2针上针，9针下，5针上针，5针下针，5针上针，9下针，2针上针，16针下针。

17圈：14针下针，左下2针并1针，扭上针，左下2针并1针，5针下针，

右下2针并1针，5针上针，2针下针，挂针，1针下针，挂针，2针下针，5针上针，左下2针并1针，5针下针，右下2针并1针，2针上针，右下2针并1针，14针，共65针。

第18圈：15针下针，2针上针，（7针下针，5针上针）×2次，7针下针，2针上针，15针下针。

第19圈：13针下针，左下2针并1针，2针上针，左下2针并1针，3针下针，右下2针并1针，5针上针，3针下针，挂针，1针下针，挂针，3针下针，5针上针，左下2针并1针，3针下针，右下2针并1针，2针上针，右下2针并1针，13针下针，共61针。

第20圈：14针下针，2针上针，5针下，5针上针，9针下针，5针上针，5针下针，2针上针，14针下针。

第21圈：12针下针，左下2针并1针，2针上针，左下2针并1针，1针下针，右下2针并1针，5针上针，4针下针，挂针，1针下针，挂针，4针下针，5针上针，左下2针并1针，1针下针，右下2针并1针，2针上针，右下2针并1针，12针，共57针。

第22圈：13针下针，2针上针，3针下针，5针上针，11针下针，5针上针，3针下针，2针上针，13针下针。

第23圈：11针下针，T2B，2针下针，右下3针并1针，5针上针，左下2针并1针，7针下针，右下2针并1针，5针上针，右下3针并1针，2针上针，T2F，11针下针，共51针。

第24圈：12针下针，9针上针，9针下针，9针上针，12针下针。

第25圈：10针下针，T2B，9针上针，左下2针并1针，5针下针，右下2针并1针，9针上针，T2F，10针下针，共49针。

第26圈：11针下针，10针上针，7针下针，10针上针，11针下针。

第27圈：9针下针，T2B，10针上针，左下2针并1针，3针下针，右下2针并1针，10针上针，T2F，9针下针，共47针。

第28圈：10针下针，11针上针，5针下针，11针上针，10针下针。

第29圈：8针下针，T2B，11针上针，左下2针并1针，1针下针，右下2针并1针，11针上针，T2F，8针下针，45针。

第30圈：9针下针，12针上针，3针下针，12针上针，9针下针。

第31圈：9针下针，12针上针，右下3针并1针，12针上针，9针下针，共43针。

第32圈：9针下针，25针上针，9针下针。

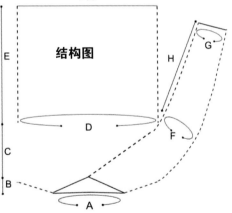

结构图

A领围：（28、30、34、34、36.5、36.5、39、41）cm
B前领高：（3、3、3、3、4、3、5、6）cm
C覆肩高：（10.5、11.5、14、16、16.5、17.5、17.5、18.5）cm
D胸围：（45.5、53、59、63.5、68、70.5、75、80）cm
E侧边长：（20、22.5、25.5、27.5、32.5、35、38.5、40）cm
F上臂围：（26、28.5、32.5、32.5、33.5、34.5、36、37）cm
G袖口围：（16、18.5、19.5、19.5、20.5、22、23、24）cm
H袖长：（21.5、25、23.5、27、31、35、40、39）cm
I总长：（31、34、40、43.5、49.5、54、56.5、59）cm

花样 1：衣袖叶子花样

注：图表是从右往左看的，织第 1~24 圈，然后按照指示重复织第 13~24 圈，再织第 25~42 圈。

图例：
- ☐ 下针
- • 上针
- ○ 挂针
- ⊘ 上针加1针
- Ⅴ 在同一针里织上针和扭针
- ⟋ 左上2针并1针
- ╱ 左下2针并1针
- ╲ 右下2针并1针
- ⋏ 右下3针并1针
- ▨ 没针

- ⧄ 1针下针右上交叉
- ⧄ 1针下针左上交叉
- ⧄ 1针下针和1针上针左上
- ⧄ 1针下针和1针上针右上

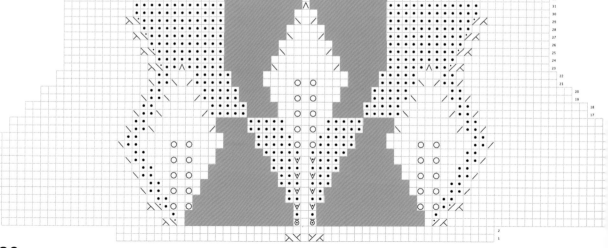

花样 2：后片叶子花样

注：图表是从右往左看的。

作品 4

儿童年龄	合适的胸围尺寸	适合的袖长尺寸
1 岁	58cm	19cm
2 岁	60cm	23cm
3 岁	63cm	25cm
4 岁	65cm	27cm
6 岁	67cm	31cm
8~10 岁	71cm	35cm

[编织密度]22针×28行=10cm²

[工 具]3.0mm棒针，3.5mm棒针

[材 料]蓝色羊毛线（200g，250g，250g，300g，300g，350g），配色线50g

[编织要点]

3.0mm棒针，起（128，132，140，144，148，156）针，起始处放置记号扣（毛衣的左手侧位置），数（64，66，70，72，74，78）针右手侧，再放置一个记号扣，圈织双罗纹（2针下针，2针上针），织（2.5，3，3，3，3.5，3.5）cm长双罗纹。换3.5mm棒针，继续编织平针，直到长度有（18，23，26，29，31，33）cm。

在腋下地方，每侧收6针（每个记号扣两侧各3针），这圈织下针织完，然后放在一边开始织袖子。

袖子：

用3.0mm棒针，起（36，36，36，40，40，44）针，织（2.5，3，3，3，3.5，3.5）cm长双罗纹。换3.5mm棒针，在腋下的位置，每（4，5，5，6，8，8）圈加2针，总共加（7，9，10，10，12，11）次。现在一共有（50，54，56，60，64，66）针，继续织平针，直到长度有（19，23，25，27，31，35）cm。然后在腋下中间的位置收6针。以相同的方式织另一只袖子。

育克：

连接身体和袖子，在左袖子（左肩膀的后面开始）起始处放置记号扣。

从左袖子开始织下针，然后前片、右袖子、后片，一直织下针到起始位置，现在一共有（204，216，228，240，252，264）针。

主色线织（5，6，7，7，8，8）圈下针。然后开始织花样1。

下一圈：均匀地减36针，然后用配色线织（3，4，4，4，5，5）圈下针。

下一圈：均匀地减24针，现在开始织花样2。

用蓝色羊毛线织（1，2，2，3，3，4）圈下针，然后均匀地减36针。

用蓝色羊毛线织（4，5，6，7，8，8）圈下针，然后均匀地减（20，26，32，36，42，46）针。现在一共有（88，94，100，108，114，122）针。

用蓝色羊毛线织（1，2，2，2，2，2）圈下针，然后均匀地减（12，14，16，20，22，30）针。现在一共有（76，80，84，88，92，92）针。

换3.5mm棒针，织（2.5，2.5，3，3，3，3）cm长双罗纹，收针，藏线头，缝合腋下。

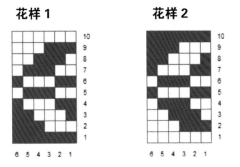

花样 1　　　　　花样 2

作品 5

儿童年龄	适合胸围的尺寸
1岁	61cm
2岁	62cm
3岁	63cm

下针前后织

横档挑线加针

[编织密度]20针×28行=10cm²
[工　　具]3.5mm棒针，4.0mm棒针，记号扣，环形针
[材　　料]乳白色主色线150g，配色线3种，每种30~75m
[编织要点]
用乳白色主色线和4.0mm棒针起120针，起头的时候留长一点的线头，头尾不连接，片织。
下摆边缘：
用配色线A，不增减织下针1行，头尾连接并在连接处放1个记号扣作为行首标记，继续不增减用配色线A织7行，织上针1行，加进乳白色主色线织（1针下针，滑1针），重复括号内动作织完。不增减用乳白色主色线织下针3行，织花样1部分。完成后用乳白色主色线不增减圈织下针到距离底部的上针行高度为22cm。
腋下减针：
下一行：下针织到距离行首标记还有4针的位置，松松地平收8针作为一侧腋下，继续织下针52针，然后平收接下来的8针作为另一个腋下，继续下针织完。不要断线，停线留针备用。
袖子（织2只）：
用乳白色主色线和4.0mm棒针起28针，注意起针的时候留较长的线头，参考下摆的做法一直到完成花样1部分，不增减织1行。

加针行：1针下针，下针前后织法如图，下针织到距离行末还剩下2针，1针下针，加1针（见横档挑线加针），1针下针，每6行重复上述加针行做法一次，一直规律地加针到48针，然后不增减织下针到距离袖口上针行高度为26cm。腋下平收8针。
育克：
把袖子连接到身体上，把身体部分的行末那1针织1针下针和扭针，挂记号扣，把袖子部分的针目织完，同样放一个记号扣，继续把身体前片部分的第1针织1针下针和扭针，织完身体前片部分并把最后一针织1针下针和扭针，放一个记号扣，把第2个袖子部分的针目织完，放记号扣，把后片第1针织1针下针和扭针，织完后片的针目，这一行一共有184针。

扭针

开始减针：（6针下针，下针的2针并1针）×23次，正好织完，还剩下161针，不增减织下针10行。
减针行：（5针下针，下针的2针并1针），重复括号内

30

内动作织完，还剩下138针。织花样2部分。

减针行：用配色线B（4针下针，下针的2针并1针），重复括号内动作织剩余针，还剩下116针，用配色线B不增减织2行下针，织花样3部分，用配色线B不增减只2行下针。

减针行：（2针下针，下针的2针并1针）×28次，最后织4针下针，还剩下88针。

这里可以换短一点的4.0mm棒针织花样1部分3行。然

后只用乳白色主色线，织下针4行。

减针行：（6针下针，下针的2针并1针），重复括号动作织完整行，还剩下77行。

换3.5mm棒针继续不增减圈织下针5cm，用隐形收针法收针，方法如下。

织3针，然后织（2针下针，下针的2针并1针扭针，再把右手棒针上的3针滑到左手棒针上），重复括号内动作直到剩下右手棒针上的最后3针，平收这3针即可。

花样 1

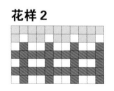

花样 2

花样 3

作品 6

儿童年龄	胸围尺寸	衣长尺寸	袖长尺寸
1岁	58cm	31cm	20cm
2岁	62cm	38cm	24cm
3~4岁	67cm	41cm	26cm
5~6岁	72cm	46cm	30cm

[编织密度]25针×28行=10cm²

[工　具]3.0mm棒针，4.0mm棒针，环形针，记号扣

[材　料]乳白色羊驼线（100g，100g，150g，150g），灰色羊驼线（50g，50g，50g，50g），黑色羊驼线（50g，50g，50g，50g），一颗纽扣

[编织要点]

用3.0mm棒针，乳白色羊驼线起（144，156，168，180）针，开始圈织下针2圈。

编织双罗纹针，共织（6，6，8，8）圈。换4.0mm棒针继续织平针。

衣照以下尺寸编织：

1岁：用乳白色羊驼线编织7圈平针。用乳白色羊驼线和黑色羊驼线编织花样1。再用乳白色羊驼线编织7圈平

针。用乳白色羊驼线和灰色羊驼线编织花样2。用乳白色羊驼线编织2圈平针，在最后一圈开始腋下收针，收5针，织62针下针，收10针，织62针下针，收5针，断线，在编织袖子的时候放置一边。

2岁：用乳白色羊驼线编织2圈平针。用乳白色羊驼线和黑色羊驼线编织花样1。用乳白色羊驼线编织5圈平针。用乳白色羊驼线和灰色羊驼线编织花样2。用乳白色羊驼线编织5圈平针，用乳白色羊驼线和黑色羊驼线编织花样1。用乳白色羊驼线编织2圈平针。在最后一圈开始腋下收针，收5针，织68针下针，收10针，织68针下针，收5针，断线，在编织袖子的时候放置一边。

3~4岁：用乳白色羊驼线编织5圈平针。用乳白色羊驼线和黑色羊驼线编织花样1。用乳白色羊驼线编织5圈平针。用乳白色羊驼线和灰色羊驼线编织花样2。用乳白色羊驼线编织5圈平针，用乳白色羊驼线和黑色羊驼线编织花样1。在最后一圈开始腋下收针，收5针，织74针下针，收10针，织74针下针，收5针，断线，在编织袖子的时候放置一边。

5~6岁：用乳白色羊驼线编织2圈平针。用乳白色羊驼线

和黑色羊驼线编织花样1。用乳白色羊驼线编织4圈平针。用乳白色羊驼线和灰色羊驼线编织花样2。用乳白色羊驼线编织4圈平针，用乳白色羊驼线和黑色羊驼线编织花样1。用乳白色羊驼线编织4圈平针。用乳白色羊驼线和灰色羊驼线编织花样2共10圈，在最后一圈开始腋下收针，收5针，织80针下针，收10针，织80针下针，收5针，断线，在编织袖子的时候放置一边。

袖子：
用3.0mm棒针，乳白色羊驼线起（40，44，48，48）针，圈织2圈下针。编织双罗纹针，共织（6，6，8，8）圈。换4.0mm棒针，接着按照相应的尺码和身体部分一样继续平针编织花样1和花样2。

编织到（5，6，6，6）圈时，下一圈开始加针。1针下针，（挑起两针间的横渡线织扭下针，加1针），编织到剩下1针，（挑起两针间的横渡线织扭下针，加1针），1针下针。

每（5，6，6，6）行重复加针，加（9，9，9，11）次，共（58，62，66，70）针，继续编织直到袖子的长度和身体一样，并且在最后一行开始收针，收针方法为：收5针，编织下针（48，52，56，60）针，收5针，断线，按照同样方法编织第2只袖子。

育克：第1节
将身体和袖子针穿到环形针上：袖子1，放记号扣，身体后片，放记号扣，袖子2，放记号扣，身体前片，放记号扣，开始圈织。

棒针上现在有（220、240、260、280）针。

继续织平针，用黑色羊驼线和灰色羊驼线编织花样，每轮之间的数量和身体部分说明一样。记号扣前1针和后1针总是用乳白色羊驼线编织下针。

第1圈如下插肩减针：
滑过记号扣，扭针的下针左上2针并1

针，编织下针到下一个记号扣前2针，下针的左上2针并1针，重复前面动作到结束隔行做减针，共（11，10，11，14）次，现剩余（132，160，172，168）针。

下一圈减针：袖子减（0，2，0，2）针，前片和后片减（2，2，2，2）针，共（128，152，168，160）针。断线。

育克：第2节
育克的其他部分用4.0mm棒针编织双罗纹，插肩继续保持隔行减针。如何开始双罗纹部分非常重要，第1圈是减针圈，如下编织：

[滑过记号扣，扭针的下针左上2针并1针，（2针上针，2针下针），重复小括号内动作，直到下一个记号扣前4针，织2针上针，下针的左上2针并1针]，重复中括号内动作到最后结束。
共编织（1，3，3，3）圈。

现在编织纽扣开口处：
片织，下一行是反面，反面看见什么针就织什么针。正面看见什么针就织什么针，同时插肩减针，继续按照这个方法直到双罗纹部分编织了（4，10，14，12）圈。

领线塑形：
领线通过引返塑形（看到翻面，就是做引返操作），在正面行继续插肩减针。在前片中间放记号扣。

左侧如下编织：
第1行：正面，织到前片记号扣前还剩余（4，5，5，5）针，翻面。
第2行：反面，编织到行末。
第3行：正面，编织到前片前一个引返点前3针，翻面。
第4行：反面，编织到行末。
第5行：正面，编织到前片前一个引返点前3针，翻面。
第6行：反面，编织到行末。
左侧领线完成，不要断线。待用。

现在用新线开始右侧编织，从反面开并从这面编织插肩减针，如下编织：
1行反面，上针的左上2针并1针，织到前片记号扣前还剩余（4，5，5）针，翻面。
第1行：正面，编织到行末。
第3行：反面，上针的左上2针并1针，织到前片前一个引返点前3针，翻面。
第4行：正面，编织到行末。
第5行：反面，上针左上2针并1针，织到前片前一个引返点前3针，翻面。
第6行：正面，编织到行末。

断线。滑动针圈直到原始的圈织起点，在袖子1的开始处换3.0mm棒针下针一行。遇到引返针的时候2针，上针一行。在正面收针，将最后针留在针上，继续编织开口处边缘。

开口处边缘：
挑起编织开口处的每一边（每一11~18针）。
第1行：反面，上针。
第2行：正面，2针下针，收2针，剩针继续织下针。
第3行：反面，织上针到最后剩余2针起2针，上针2行。
第4行：正面，收针，断线。

结束：藏线头，腋下缝合，在领口处缝上纽扣。

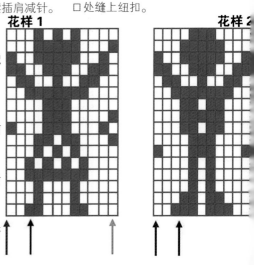

花样 1　　　　花样 2

儿童年龄	合适的胸围尺寸	最终完成的尺寸
2 岁	53.5cm	61cm
4 岁	58.5cm	66cm
6 岁	63.5cm	71cm
8 岁	67.5cm	73.5cm

作品 7

[编织密度]18针×24行=10cm²

[工　　具]4.5mm棒针和5.0mm棒针，大别针，记号扣

[材　　料]白色棉线（100g、100g、100g、100g），红色
　　　　　棉线（200g、300g、300g、400g）

[编织要点]

从下往上织。

衣身片：

用红色棉线和4.5mm棒针，起织108（118、126、130）针，连接成圈，第1针用记号扣标记。

第1圈：（1针下针，1针上针），括号内动作重复多次。重复上面1圈的单罗纹花样，一直到长度为5cm。

换成5.0mm棒针，按照下面的方式处理：

第1圈：织下针，均匀加0（2、0、2）针。共108（120、126、132）针。

第2圈：织下针。

接下来按照花样1织到结束，从右往左织，注意6针花样重复18（20、21、22）次。红色断线。

红色棉线，不加针不减针织下针一直到离最开始25.5（28、29、30.5）cm长。

下一圈：[54（60、63、66）针下针，将最后6（6、8、8）针放在一个大别针上作为腋下标记]×2次。

袖片：

用红色棉线和4.5mm棒针圈织，

起织24（30、36、36）针，分到3根棒针上，连接成圈，第1针上面放1个记号扣标记。

第1圈：（1针下针，1针上针），括号内动作重复多次。重复上面1圈的单罗纹花样一直到4cm长。

换成5.0mm棒针，按照如下方式处理：

下一圈：织下针。

接下来按照花样1织到结束，从右往左织，注意6针花样重复4（5、6、6）次。红色棉线断线。

红色棉线，按照如下方式处理：

[下一圈：kfb，接下来织下针一直到最后1针，kfb。共26（32、38、38）针。不加针不减针织下针织8（16、18、18）行]。再重复中括号的动作4（2、2、3）次。共34（36、42、44）针。

接下来不加针不减针，袖子织到21.5（26.5、29、32）cm长。

下一圈：织31（33、38、40）针下针。将最后3（3、4、4）针以及最开始3（3、4、4）针放在一个大别针上作为腋下标

记。断线。留下28（30、34、36）针到一个大别针上。

育克：

第1圈：红色棉线，5.0mm棒针，[袖片28（30、34、36）针下针，用记号扣标记，衣身片48（54、55、58）针下针，记号扣标记]×2次，共152（168、178、188）针。

下一圈：织下针，均匀加2（0、4、8）针。共154（168、182、196）针。

针对6岁和8岁儿童的尺寸：红色棉线，不加针不减针织3圈下针。

针对所有尺寸：按照花样2织到结束，读图从右往左读，注意14针花样重复11（12、13、14）次。

下一圈：红色棉线，织下针，均匀减（2、0）针。共（180、196）针。

下一圈：红色棉线，织下针。

下一圈：白色棉线，织下针。

针对所有尺寸：下一圈：红色棉线，织下针。

按照花样1织到结束，注意6针花样重复19（21、22、24）次，

白色棉线断线。

下一圈：红色棉线，（K2tog，1针下针），括号内动作重复多次。共76（84，88，96）针。红色棉线，不加针不减针织12（15，12，14）圈下针。

针对2岁儿童的尺寸：下一圈，7针下针，（K2tog，4针下针），括号内动作重复多次，一直到最后3针，1针下针，K2tog。共64针。

针对4岁、6岁和8岁：下一圈，[2针下针，K2tog，（3，2，2）针下针，K2tog]，中括号内动作重复多次，一直到最后（3，0，0）针。织（3，0，0）针下针。共（66，66，72）针。

针对所有尺寸：换成4.5mm棒针，用4根棒针圈织，织单罗纹花样2.5cm长。

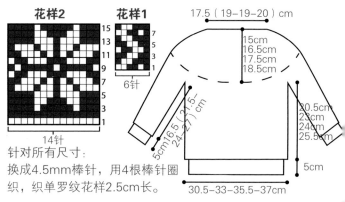

花样2 花样1
15 13 11 9 7 5 3 1
7 5 3 1
14针 6针

17.5（19-19-20）cm
15cm 16.5cm 17.5cm 18.5cm
20.5cm 23cm 24cm 25.5cm
5cm16.5（21.5-24-27）cm
30.5-33-35.5-37cm
5cm

作品8

[编织密度]18针×24行=10cm²

[工　　具]4.0mm棒针和5.0mm棒针，
　　　　　记号扣，大别针

[编织要点]

衣身片：

A线，4.0mm棒针，起织120（136，144，152）针，连接成圈，第1针用记号扣标记。

第1圈：（1针下针，1针上针），括号内动作重复多次。重复前面1圈的单罗纹花样织5cm长。

换成5.0mm棒针，织1圈下针。

下一圈（加针圈）：[15（17，18，19）针下针，M1]×8次，共128

（144，152，160）针。

接下来按照花样1（从右往左）圈织下针，8针单元花重复16（18，19，20）次。共11圈。织完A线和B线断线。

下一圈（减针圈）：主色线，[14（16，17，18）针下针，K2tog]×8次，共120（136，144，152）针。

主色线，不加针不减针织下针，一直到距离起始位置32（33，35.5，38）cm。

下一圈：5（5，6，6）针下针并移到大别针上，接下来织下针到圈尾并将最后的5（5，6，6）针移到前面大别针上，大别针上共10（10，12，12）针作为腋下缝合待用，棒针上共60（68，72，76）针。

袖片：

A线，4.0mm棒针，起织34（34，40，40）针，连接成圈。第1针用记号扣标记。

织5cm长的单罗纹花样，最后1圈均匀加6针。共40（40，48，48）针。

换成5.0mm棒针，织1圈下针。

接下来按照花样1（从右往左）圈织下针，8针单元花重复5（5，6，6）次。共11圈。织完A线和B

尺寸规格	4岁	6岁	8岁	10岁
主色线（褐色）	200g	200g	300g	400g
A线（绿色）	100g	100g	100g	100g
B线（白色）	100g	100g	100g	100g
适合的胸围	58cm	63.5cm	67.5cm	71cm
完成的胸围	67.5cm	76cm	81.5cm	86.5cm

线断线。

主色线，接下来圈织下针。

下一圈两端各加1针。

接下来每10（8，6，6）圈两端各加1针，一直到48（56，60，66）针。

接下来不加针不减针圈织下针，一直到26.5（28，30.5，39.5）cm。

下一圈：5（5，6，6）针下针并移到大别针上，并将前面1圈的最后5（5，6，6）针一起移到大别针上，大别针上一共10（10，12，12）针作为腋下缝用。剩下针目放在一个空棒针上。

腋下缝合方法：

育克：

第1圈：主色线，5.0mm棒针，[袖片上的38（46，48，54）针织下针，衣身片上的50（58，60，64）针织下针]×2次，最后1针用记号扣标记。共176（208，216，236）针。

只针对10岁儿童的尺寸：

下一圈：（57针下针，K2tog）×4次。共232针。

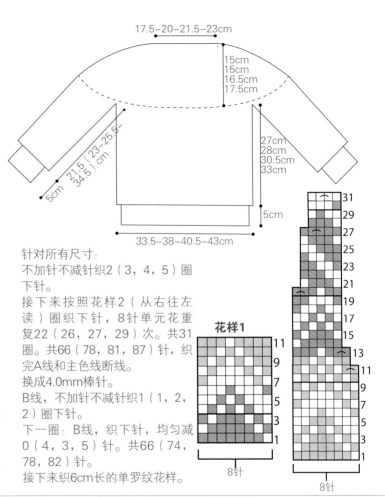

17.5—20—21.5—23cm

15cm
15cm
16.5cm
17.5cm

27cm
28cm
30.5cm
33cm

21.5（23-25-34.5）cm

5cm

5cm

33.5—38—40.5—43cm

针对所有尺寸：

不加针不减针织2（3，4，5）圈下针。

接下来按照花样2（从右往左读）圈织下针，8针单元花重复22（26，27，29）次。共31圈。共66（78，81，87）针，织完A线和主色线断线。

换成4.0mm棒针。

B线，不加针不减针织1（1，2，2）圈下针。

下一圈：B线，织下针，均匀减0（4，3，5）针。共66（74，78，82）针。

接下来织6cm长的单罗纹花样。

花样1

11
9
7
5
3
1

8针

31
29
27
25
23
21
19
17
15
13
11
9
7
5
3
1

8针

作品9

[编织密度]22针×30行=10cm²

[工 具]3.75mm棒针和4.0mm棒针，记号扣，大别针

[材 料]绿色棉线（200g，200g，200g，210g）

黄绿色棉线50g，白色棉线50g，红色棉线50g，纽扣8颗

[编织要点]

此件毛衣是从领口往下编织的，完成育克后，衣身片行织，袖片圈织。

3.75mm棒针，绿色棉线，起织82（86，90，94）针，不要连接。按照如下方式织2.5cm的双罗纹花样，以反面行结束。

第1行：正面，（2针下针，2针上针），括号内动作重复多次，最后2针织下针。

第2行：（2针上针，2针下针），括号内动作重复多次，最后2针织上针。

重复上面两行的动作。

换成4.0mm棒针，按照如下方式处理：

下一行：正面，织下针。

下一行：织上针。

绿色棉线断线，连接白色棉线，开始织育克。

第1行：3针下针，（M1，4针下针），括号内动作重复多次，一直到最后3针，M1，3针下针。共102（107，112，117）针

第2行和偶数行：织上针。

第3行：6针下针，（M1，5针下针），括号内动作重复多次，一直到最后6针，M1，6针下针。共121（127，133，139）针

第1行：正面，1（4，1，4）针下针，按照花样1织第1行（从右往左看），注意12针单元花重复10（10，11，11）次，0（3，0，3）针下针。

第2行：0（3，0，3）针上针，按照花样1织第1行，注意12针单元花重复10（10，11，11）次，1（4，1，4）针上针。

按照上面的方式织花样1，织完后再织1行上针。

条纹图案（织平针）。

绿色棉线，织4行。

黄绿色棉线，织2行。

上面6行形成条纹图案，接下来插肩调整，开始织条纹花样。

第1行：20（21，21，24）针下针，M1，1针下针，记号扣标记，1针下针，M1，19（20，21，20）针下针，M1，1针下针，记号扣标记，1针下针，M1，35（37，41，43）针下针，M1，1针下针，记号扣标记，1针下针，M1，19（20，21，20）针下针，M1，1针下针，记号扣标记，1针下针，M1，20（21，21，24）针下针，共129（135，141，147）针。

第2行：织上针。

第3行：（接下来一直到下一个记号扣前面1针都织下针，M1，1针下针，移除记号扣，1针下针，M1）×4次，接下来织下针，一直到行尾。共137（143，149，155）针。

继续织条纹花样，再重复第2行和第3行的动作6（7，8，9）次，共185（199，213，227）针。

接下来不加针不减针织平针1（3，5，7）行。

开始分衣身片和袖片：

第1行：正面，29（31，34，36）针下针作为右前片，将接下来37（40，41，44）针移到大别针上作为右袖待用，袖窿处起织4针，53（57，63，67）针下针作为后片，将接下来37（40，41，44）针移到大别针上作为左袖待用，袖窿处起织4针，29（31，34，36）针下针作为左前片。衣身片共119（127，139，147）针。

衣身片继续织条纹花样，一直到距离分片位置12.5（15，18，20.5）cm，以上针行结束，最后1行正中间减1针。共118（126，138，146）针。

换成3.75mm棒针，绿色棉线，按照如下方式织2.5cm的双罗纹花样，以反面行结束。

第1行：正面，（2针下针，2针上针），括号内动作重复多次，最后2针织下针。

第2行：（2针上针，2针下针），括号内动作重复多次，最后2针织上针。

重复上面两行的动作。收针。

袖片圈织37（40，41，44）针。

继续织条纹花样，前面袖窿处起织了4针，从正中间开始挑织2针下针，37（40，41，44）针，挑织袖窿处剩下的2针下针。

共41（44，45，48）针。连接成圈，第1针用记号扣标记。

圈织条纹花样（每行都织下针），一直到袖子长度14（15，16.5，18）cm。

只针对6个月和18个月宝宝的尺寸：

下一圈：织下针，正中间减1针。共40（44）针。

针对所有尺寸：

换成3.75mm棒针，织2.5cm的双罗纹花样。收针。

衣襟（带扣眼的一边）：正面，绿色棉线，3.75mm棒针，沿着右前片边缘从下往上挑织58（66，74，82）针下针。

第1行：反面，（2针上针，2针下针），括号内动作重复多次，最后2针织上针。

第2行：（2针下针，2针上针），括号内动作重复多次，最后2针织下针。

第3行：同第1行。

第4行和第5行：重复最后2行的动作1次。

第6行（扣眼行）：正面，2针下针，2针上针，收2针，（6针罗纹针，收2针），括号内动作重复多次，一直到最后4针，2针上针，2针下针。

第7行：2针上针，2针下针，（起织2针，6针罗纹针），括号内动作重复多次，一直到最后4针，起织2针，2针上针，2针下针。

第8行和第9行：同第2行和第3行。

第10行：同第1行。收针。

衣襟：正面，绿色棉线，沿着左前片边缘从下往上挑织58（66，74，82）针下针。

第1行：反面，（2针上针，2针下针），括号内动作重复多次，最后2针织上针。

第2行：（2针下针，2针上针），括号内动作重复多次，最

后2针织下针。
第3~10行：重复上面两行的动作。收针。
缝合扣子到相应的位置。

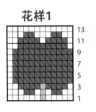
花样1

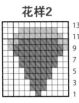
花样2

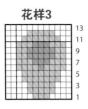
花样3

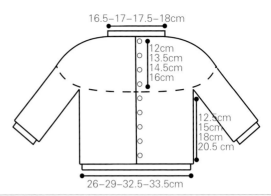

16.5-17-17.5-18cm

12cm
13.5cm
14.5cm
16cm

12.5cm
15cm
18cm
20.5cm

26-29-32.5-33.5cm

作品 10

[编织密度]16针×20行=10cm²

[工　　具]4.0mm棒针和4.5mm棒针，记号扣，大别针

[编织要点]

这款披肩是从上往下一片编织完成的。

4.0mm棒针，起织56（60，64，68）针，连接到第1针进行圈织。

织5圈单罗纹花样。换成4.5mm棒针。

第1圈：21（22，23，23）针下针，记号扣标记，7（8，9，11）针下针，记号扣标记，21（22，23，23）针下针，记号扣标记，7（8，9，11）针下针，记号扣标记。

第2圈：（织下针到下一个记号扣之前的1针，加1针，1针下针，移除记号扣，1针下针，加1针）×4次。共

64（68，72，76）针。

不加针不减针织2圈下针。

再重复上面3圈的动作12（13，14，15）次，共160（172，184，196）针。

袖片：

下一圈：织下针到下一个记号扣，将接下来的33（36，39，43）针移到大别针上作为左袖待用，袖窿处起织2针，织下针到下一个记号扣，将接下来的33（36，39，43）针移到大别针上作为右袖待用，起织2针。衣身片共98（104，110，

114）针。

衣身片：

继续不加针不减针圈织下针，一直到距离起始位置21.5（23，28，28）cm长。

换成4.0mm棒针，织4圈单罗纹花样。松散收针。

袖片：

33（36，39，43）针，用4.0mm棒针，织下针，沿着袖窿挑织3（2，3，3）针下针，连接成圈，共36（38，42，46）针。织4圈单罗纹花样。松散收针。

17.5-19-20-21.5cm

21.5cm
23cm
28cm
28cm

23cm
24cm
26.5cm
29cm

30.5-33-35-36cm

尺寸规格	6个月	12个月	18个月	24个月
毛线量	150g	200g	250g	300g
完成的胸围尺寸	51cm	53.5cm	56cm	58.5cm

作品 11

儿童年龄	合适的胸围尺寸	最终完成的尺寸
18 个月	55.5cm	30.5cm
2 岁	61cm	35.5cm
4 岁	66cm	39cm

[编织密度]22针×30行=10cm²

[工　　具]3.5mm棒针，4.0mm棒针，环形针，大小别针，记号扣

[材　　料]绿色棉线（150g，300g，300g，300g），米色棉线少许，西瓜红色棉线少许

[编织要点]

从上往下织，袖片和衣身片单独织，一直到腋下，然后连成1片织育克。

衣身片：

绿色棉线，起织（100，108，116）针，连接然后圈织。第1针用记号扣标记。织4cm长的单罗纹花样。

接下来每圈都织下针，一直到距离起针位置（17.5，20，23）cm长，绿色棉线断线。

分片圈：将（40，44，48）针放在大别针上作为前片，10针放在小别针上待用。

袖子：

绿色棉线，起织（28，28，32）针，连接然后圈织，第1针用记号扣标记。织4cm长的单罗纹花样。

接下来每圈都织下针。每6圈两端各加1针加（6，7，8）次。共（40，42，48）针。

接下来不加针不减针一直到（23，25.5，28）cm长。将

最后1圈最开始的5针和最后面的5针移到小别针上。剩下的（30，32，38）针移到大别针上。

育克：

用环形针，后片（40，44，48）针下针，记号扣标记，左袖（30，32，38）针下针，记号扣标记，（40，44，48）针下针，记号扣标记，右袖（30，32，38）针下针。连接成圈。共（140，152，172）针。

针对18个月和4岁儿童的尺寸：

减针行：（织下针一直到标记位置，移除记号扣，左上2针并1针，记号扣标记），括号内动作重复多次。共（136，152，168）针。从这圈最开始用记号扣标记。

针对所有尺寸：

参照花样1织法，每8针1个花样。

第1圈~（15，18，20）圈的减针圈按照如下方式处理：

减针圈，（2针下针，左上2针并1针），括号内动作重复多次。共（102，114，126）针。

参照花样2织法，每6针1个花样，接下来5圈的减针圈按照如下方式处理：

减针圈，（1针下针，左上2针并1针），括号内动作重复多次。共（68，76，84）针。

绿色棉线和西瓜红棉色线断线。

继续用米色棉线织，整圈都织下针，一直到育克长度（11，14，15）cm。

减针圈，（2针下针，左上2针并1针），括号内动作重复多次。共（51，57，63）针。

织1圈下针，减1针。共（50，58，64）针，领口圈织单罗纹花样2.5cm。收针。

花样 2

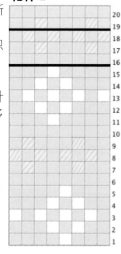

花样 1

年龄	0~3 个月	3~6 个月	6~12 个月	12~28 个月
尺寸	A	B	C	D
实际胸围	47.5cm	53cm	58cm	62cm
肩长	21cm	25cm	29cm	33cm
袖长	13cm	15cm	19cm	21cm

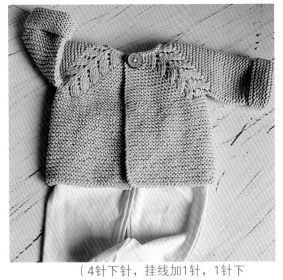

作品 12

[编织密度]22针×40行=10cm²

[工　　具]3.75mm棒针，2个大别针

[材　　料]杏色棉线（200g、300g、300g、400g），
1颗纽扣

[编织要点]

肩部图案——9针：

第1行：正面，4针下针，绕线，1针下针，绕线，4针下针。

第2行：反面，9针上针。

第3行：3针下针，绕线，3针下针，绕线，3针下针。

第5行：2针下针，绕线，5针下针，绕线，2针下针。

在杉木图案的奇数行上所做的绕线针被吸收到下面每个反面行的边缘吊带线迹部分，这就是为什么杉木图案的针数没有显示为增加的原因。

开始编织前请仔细阅读这些说明。注意：杉木图案的绕线是加针操作，在每一个正面行，开衫总共会增加8针。增加的这8针将被吸收到下面反面行的吊带线迹部分，使缝线数量自然增长。左前片加1针，第一个袖子的两侧各增加1针，背面两侧各增加一个缝线，第二个袖子的两侧各增加1针，右前片加1针。

作为建议，可以在9针杉木图案

前后放置标记。总共需要9个标记，因为需要在偶数（即反面）行中移动标记。

开衫（从上往下一片编织）用3.75mm棒针，起织56（60，64，72）针。织两行全低针。

针对尺寸A：

准备行：5针下针，18针上针，10针下针，18针上针，5针下针。

第1行：5针下针，（4针下针，挂线加1针，1针下针，挂线加1针，8针下针，挂线加1针，1针下针，挂线加1针，4针下针），10针下针，括号内动作再重复1次，5针下针。增加了8针，共64针。

针对尺寸B、C、D：

准备行：5（6，7）针下针，[9针上针，2（2，4）针下针，9针上针]，10（12，14）针下针，中括号内动作再重复1次，5（6，7）针下针。

第1行：5（6，7）针下针，

（4针下针，挂线加1针，1针下针，挂线加1针，4针下针），10（12，14）针下针，括号内动作再重复一次，5（6，7）针下针。增加了8针，共68（72，80）针。

针对所有尺寸：

共64（68，72，80）针。

第2行：6（6，7，8）针下针，[9针上针，2（4，4，6）针下针，9针上针]，12（12，14，16）针下针，中括号内动作再重复一次，6（6，7，8）针下针。

第3行扣眼：3针下针，挂线加1针，K2tog，1（1，2，3）针下针，[3针下针，挂线加1针，3针下针，挂线加1针，3针下针，2（4，4，6）针下针，3针下针，挂线加1针，3针下针，挂线加1针，3针下针]，12（12，14，16）针下针，中括号内动作再重复1次，6（6，7，8）针下针。增加了8针。

第4行：7（7，8，9）针下针，[9针上针，4（6，6，8）针下针，9针上针]，14（14，16，

18）针下针，中括号内动作再重复一次，7（7，8，9）针下针。

第5行：7（7，8，9）针下针，[2针下针，挂线加1针，5针下针，挂线加1针，2针下针，4（6，6，8）针下针，2针下针，挂线加1针，5针下针，挂线加1针，2针下针]，14（14，16，18）针下针，中括号内动作再重复一次，7（7，8，9）针下针。增加了8针。

第6行：8（8，9，10）针下针，[9针上针，6（8，8，10）针下针，9针上针]，16（16，18，20）针下针，中括号内动作再重复一次，8（8，9，10）针下针。

第7行：8（8，9，10）针下针，[4针下针，挂线加1针，1针下针，挂线加1针，4针下针，6（8，8，10）针下针，4针下针，挂线加1针，1针下针，挂线加1针，4针下针]，16（16，18，20）针下针，中括号内动作再重复一次，8（8，9，10）针下针。增加了8针。

第8行：9（9，10，11）针下针，[9针上针，8（10，10，12）针下针，9针上针]，18（18，20，22）针下针，中括号内动作再重复一次，9（9，10，11）针下针。

第9行：9（9，10，11）针下针，[3针下针，挂线加1针，3针下针，挂线加1针，3针下针，8（10，10，12）针下针，3针下针，挂线加1针，3针下针，挂线加1针，3针下针]，18（18，20，22）针下针，中括号内动作再重复一次，9（9，10，11）针下针。增加了8针。

第10行：10（10，11，12）针下针，[9针上针，10（12，12，14）针下针，9针上针]，20（20，22，24）针下针，中括号内动作再重复一次，10（10，11，12）针下针。

第11行：10（10，11，12）针下针，[2针下针，挂线加1针，5针下针，挂线加1针，2针下针，10（12，12，14）针下针，2针下针，挂线加1针，5针下针，挂线加1针，2针下针]，20（20，22，24）针下针，中括号内动作再重复一次，10（10，11，12）针下针。增加了8针。

第12行：11（11，12，13）针下针，[9针上针，12（14，14，16）针下针，9针上针]，22（22，24，26）针下针，中括号内动作再重复一次，11（11，12，13）针下针。

第13行：11（11，12，13）针下针，[4针下针，挂线加1针，1针下针，挂线加1针，4针下针，12（14，14，16）针下针，4针下针，挂线加1针，1针下针，挂线加1针，4针下针]，22（22，24，26）针下针，中括号内动作再重复一次，11（11，12，13）针下针。增加了8针。

第14行：12（12，13，14）针下针，[9针上针，14（16，16，18）针下针，9针上针]，24（24，26，28）针下针，中括号内动作再重复一次，12（12，13，14）针下针。共112（116，120，128）针。

第15行：12（12，13，14）针下针，[3针下针，挂线加1针，3针下针，挂线加1针，3针下针，

14（16，16，18）针下针，3针下针，挂线加1针，3针下针，挂线加1针，3针下针]，24（24，26，28）针下针，中括号内动作再重复一次，12（12，13，14）针下针。增加了8针。共120（124，128，136）针。

第16行：13（13，14，15）针下针，[9针上针，16（18，18，20）针下针，9针上针]，26（26，28，30）针下针，中括号内动作再重复一次，13（13，14，15）针下针。共120（124，128，136）针。

第17行：13（13，14，15）针下针，[2针下针，挂线加1针，5针下针，挂线加1针，2针下针，16（18，18，20）针下针，2针下针，挂线加1针，5针下针，挂线加1针，2针下针]，26（26，28，30）针下针，中括号内动作再重复一次，13（13，14，15）针下针。增加了8针。共128（132，136，144）针。

第18行：14（14，15，16）针下针，[9针上针，18（20，20，22）针下针，9针上针]，28（28，30，32）针下针，中括号内动作再重复一次，14（14，15，16）针下针。共128（132，136，144）针。

第19行：14（14，15，16）针下针，[4针下针，挂线加1针，1针下针，挂线加1针，4针下针，18（20，20，22）针下针，4针下针，挂线加1针，1针下针，挂线加1针，4针下针]，28（28，30，32）针下针，中括号内动作再重复一次，14（14，15，16）针下针。增加了8针。共

136（140，144，152）针。

第20行：15（15，16，17）针下针，[9针上针，20（22，22，24）针下针，9针上针]，30（30，32，34）针下针，中括号内动作再重复一次，15（15，16，17）针下针。共136（140，144，152）针。

第21行：15（15，16，17）针下针，[3针下针，挂线加1针，3针下针，挂线加1针，3针下针，20（22，22，24）针下针，3针下针，挂线加1针，3针下针，挂线加1针，3针下针]，30（30，32，34）针下针，中括号内动作再重复一次，15（15，16，17）针下针。增加了8针。共144（148，152，160）针。

第22行：16（16，17，18）针下针，[9针上针，22（24，24，26）针下针，9针上针]，32（32，34，36）针下针，中括号内动作再重复一次，16（16，17，18）针下针。共144（148，152，160）针。

第23行：16（16，17，18）针下针，[2针下针，挂线加1针，5针下针，挂线加1针，2针下针，22（24，24，26）针下针，2针下针，挂线加1针，5针下针，挂线加1针，2针下针]，32（32，34，36）针下针，中括号内动作再重复一次，16（16，17，18）针下针。增加了8针。共152（156，160，168）针。

第24行：17（17，18，19）针下针，[9针上针，24（26，26，28）针下针，9针上针]，34（34，36，38）针下针，中括号内动作再重复一次，17（17，

18，19）针下针。共152（156，160，168）针。

第25行：17（17，18，19）针下针，[4针下针，挂线加1针，1针下针，挂线加1针，4针下针，24（26，26，28）针下针，4针下针，挂线加1针，1针下针，挂线加1针，4针下针]，34（34，36，38）针下针，中括号内动作再重复一次，17（17，18，19）针下针。增加了8针。共160（164，168，176）针。

第26行：18（18，19，20）针下针，[9针上针，26（28，28，30）针下针，9针上针]，36（36，38，40）针下针，中括号内动作再重复一次，18（18，19，20）针下针。共160（164，168，176）针。

第27行：18（18，19，20）针下针，[3针下针，挂线加1针，3针下针，挂线加1针，3针下针，26（28，28，30）针下针，3针下针，挂线加1针，3针下针，挂线加1针，3针下针]，36（36，38，40）针下针，中括号内动作再重复一次，18（18，19，20）针下针。增加了8针。共168（172，176，184）针。

第28行：19（19，20，21）针下针，[9针上针，28（30，30，32）针下针，9针上针]，38（38，40，42）针下针，中括号内动作再重复一次，19（19，20，21）针下针。共168（172，176，184）针。

第29行：19（19，20，21）针下针，[2针下针，挂线加1针，5针下针，挂线加1针，2针下针，28（30，30，32）针下针，2针

下针，挂线加1针，5针下针，挂线加1针，2针下针]，38（38，40，42）针下针，中括号内动作再重复一次，19（19，20，21）针下针。增加了8针。共176（180，184，192）针。

第30行：20（20，21，22）针下针，[9针上针，30（32，32，34）针下针，9针上针]，40（40，42，44）针下针，中括号内动作再重复一次，20（20，21，22）针下针。共176（180，184，192）针。

尺寸A到这里完成，继续按照说明分片，分前片、袖片、后片。

针对尺寸B、C、D：

第31行：（20，21，22）针下针，[4针下针，挂线加1针，1针下针，挂线加1针，4针下针，（32，32，34）针下针，4针下针，挂线加1针，1针下针，挂线加1针，4针下针]，（40，42，44）针下针，中括号内动作再重复一次，（20，21，22）针下针。增加了8针。共（188，192，200）针。

第32行：（21，22，23）针下针，[9针上针，（34，34，36）针下针，9针上针]，（42，44，46）针下针，中括号内动作再重复一次，（21，22，23）针下针。共（188，192，200）针。

第33行：（21，22，23）针下针，[3针下针，挂线加1针，3针下针，挂线加1针，3针下针，（34，34，36）针下针，3针下针，挂线加1针，3针下针，挂线加1针，3针下针]，（42，44，46）针下针，中括号内动作再重复一次，（21，22，23）针

下针。增加了8针。共（196，200，208）针。

第34行：（22，23，24）针下针，[9针上针，（36，36，38）针下针，9针上针]，（44，46，48）针下针，中括号再重复一次，（22，23，24）针下针。共（196，200，208）针。

尺寸B完成，继续按照说明分片，分前片、袖片、后片。

针对尺寸C，D：

第35行：（23，24）针下针，[2针下针，挂线加1针，5针下针，挂线加1针，2针下针，（36，38）针下针，2针下针，挂线加1针，5针下针，挂线加1针，2针下针]，（46，48）针下针，中括号再重复一次，（23，24）针下针。增加了8针。共（208，216）针。

第36行：（24，25）针下针，[9针上针，（38，40）针下针，9针上针]，（48，50）针下针，中括号再重复一次，（24，25）针下针。共（208，216）针。

第37行：（24，25）针下针，[4针下针，挂线加1针，1针下针，挂线加1针，4针下针，（38，40）针下针，4针下针，挂线加1针，1针下针，挂线加1针，4针下针]，（46，48）针下针，中括号再重复一次，（24，25）针下针。增加了8针。共（216，224）针。

第38行：（25，26）针下针，[9针上针，（40，42）针下针，9针上针]，（50，52）针下针，中括号再重复一次，

（25，26）针下针。共（216，224）针。

尺寸C完成，继续按照说明分片，分前片、在袖片、后片。

针对尺寸D：

第39行：26针下针，（3针下针，挂线加1针，3针下针，挂线加1针，3针下针，42针下针，3针下针，挂线加1针，3针下针，挂线加1针，3针下针），52针下针，小括号内动作再重复一次，26针下针。增加了8针。共232针。

第40行：27针下针，（9针上针，44针下针，9针上针），54针下针，小括号内动作再重复一次，27针下针。共232针。

针对所有尺寸：

176（196，216，232）针。

分成前片、袖片和后片：

下1行：正面，26（29，32，4）针下针，接下来袖片36（40，44，48）针移到大别针上，然后后片52（58，64，68）针，袖片36（40，44，48）针移到大别针上，剩下的26（29，32，34）针作为前片。

现在棒针上共104（116，128，136）针。

继续不加针不减针织全低针织

12（15，18，22）cm长。以反面行结束。收针。

袖片：

注意：袖片织全下针，圈织，织1圈下针，然后再织1圈上针，这样重复。

用3.75mm棒针，从袖子的腋下开始，正面，36（40，44，48）针，圈织。

第1圈：织下针。

第2圈：织上针。

再重复上面2圈的动作4（2，2，2）次。

下一圈：K2tog，织下针一直到最后2针，K2tog，共34（38，42，46）针。

针对尺寸B，C，D：

接下来每6圈两端各减1针，一直到剩下（34，38，40）针。

所有尺寸：

34（34，38，40）针。

重复第1圈和第2圈的动作，一直到袖片长13（15，19，21）cm收针。缝合纽扣。

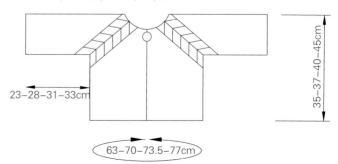

23–28–31–33cm

35–37–40–45cm

63–70–73.5–77cm

作品 13

年龄	1岁	2岁	3~4岁	5~6岁	7~8岁	9~10岁
胸围	26cm	28cm	30cm	33cm	36cm	38cm
长度	31cm	35cm	39cm	43cm	48cm	52cm

[编织密度]28针×36行=10cm²

[工　　具]3.0mm棒针，2个大别针，记号扣

[材　　料]棉线150g（150g，150g，200g，200g，250g），2颗纽扣

[编织要点]

桂花针：

第1圈：（1针下针，1针上针），括号内动作重复多次，一直到这圈结束。

第2圈到接下来的所有圈：下针针目上织上针，上针针目上织下针。

育克：

起织80（80，80，88，88，88）针，按照下面方式织5行：

第1~4行：棉线放在织物前面滑1针，最后1针之前的针目织桂花针，最后1针织下针。

第5行：棉线放在织物前面滑1针，最后1针之前的针目织上针[其中按照如下方式放8个记号扣，织1针后，接下来21（21，21，23，23，23）针后作为前片，织2针后作为插肩针，织15（15，15，17，17，17）针后作为右袖，织2针后作为插肩针，织21（21，21，23，23，23）针后为后片，织2针作为插肩针，织15（15，15，17，17，17）针后作为左袖]。1针下针。

然后织如下2行：

第1行正面：棉线放在织物前面滑1针，移记号扣，左加针，按照花样1织到第2个记号扣，右加针，移记号扣，2针下针，移记号扣，左加针，按照花样2织到第4个记

号扣，右加针，移记号扣，2针下针，移记号扣，左加针，按照花样1织到第6个记号扣，右加针，移记号扣，2针下针，移记号扣，左加针，按照花样2织到第8个记号扣，右加针，移记号扣，1针下针。

第2行：棉线放在织物前面滑1针，织上针一直到最后1针，1针下针。

上面2行的动作一共织7次。

再织第1行1次，这行结束时连成圈。以这圈的第1针和最后1针形成了第4个插肩针。这两针中间作为这圈的开始，织1圈下针。

接下来按照如下方式织两圈：

第1圈：1针下针，移记号扣，左加针，按照花样1织到第2个记号扣，右加针，移记号扣，2针下针，移记号扣，左加针，按照花样2织到第4个记号扣，右加针，移记号扣，2针下针，移记号扣，左加针，按照花样1织到第6个记号扣，右加针，移记号扣，2针下针，移记号扣，左加针，按照花样2织到第8个记号扣，右加针，移记号扣，1针下针。

第2圈：织下针。

上面2圈的动作一共11（14，17，19，23，27）次。意味着

一共有19（22，25，27，31，35）加针行/圈。共232（256，280，304，336，368）针。

下一圈开始按照如下方式分衣身片和袖片：

将这圈开始到第2个和第3个记号扣间的针目移到大别针上（第2个和第3个记号扣间的2针分开），起织6针，1针下针，后片全部按照花样2织，1针下针，接下来一直到第6个和第7个记号扣间的针目移到大别针上，起织6针，1针下针，前片按照花样2织，1针下针。共134（146，158，170，186，202）针。这圈现在以左袖起织6针开始。

衣身片：

7圈下针。

用另外棒针在衣身片和袖片后的第2行反面挑织针目。

然后将2个棒针上的针目2针并1针的方式合并（每根针上1针）1圈下针，同时均匀地通过绕线方式加针31（30，29，28，23，29）针。共165（176，187，198，209，231）针。

1圈下针。

接下来按照花样3织，一直到距离肩部位置20（22，24，28，32，35）cm。在下一圈的每个重复动

作之间左加针。

一直到距离肩部30（34，38，42，47，51）cm长，织4圈桂花针。收针。

袖片：

袖片55（61，67，73，81，89）针，再挑织袖片下方起织的6针，共61（67，73，79，87，95）针。圈织，以挑织的6针中间针目起织。

长袖：

按照花样1圈织，每6圈减2针减11（12，13，14，15，17）次。减针行按照如下方式： 1针下针，左上2针并1针，织花样一直到剩下3针，右上2针并1针，1针下针。

织完共39（43，47，51，61，61）针。

继续织花样，一直到袖片长度17（20，21，26，29，33）cm长。

继续织4圈桂花针，收针。

中长袖：

按照花样1圈织，每6圈减2针减5（6，7，8，9，11）次。减针行按照如下方式： 1针下针，左上2针并1针，织花样一直到剩下3针，右上2针并1针，1针下针。

织完共51（56，59，63，69，73）针。

继续织花样，一直到袖片长度13（25，17，21，24，28）cm长。

继续织4圈桂花针。收针。

用钩针在脖子开口的一侧钩住两个小环。在开口的另一侧缝两个纽扣。

花样1： 1岁（2岁，3~4岁）第

1行从7针开始，第21针结束。

5~6岁（7~8岁，9~10岁）从第6针开始，第22针结束。

花样2： 1岁（2岁，3~4岁）第1行从第7针开始，第27针结束。

5~6岁（7~8岁，9~10岁）从第6针开始，第28针结束。

花样3

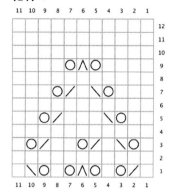

花样2

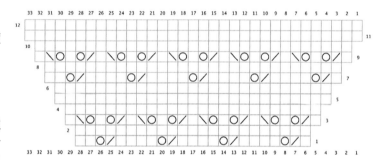

花样1

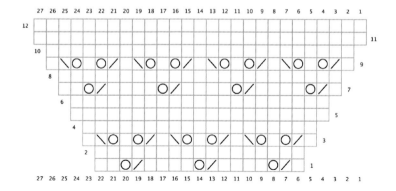

作品 14

儿童年龄	合适的胸围尺寸	最终完成的尺寸
6 个月	43cm	43cm
12 个月	45cm	51cm

[编织密度]21针×40行=10cm²

[工 具]4.0mm棒针，4个记号扣，3个大别针

[材 料]A线：粉色段染线（100g，120g），B线：蓝色段染线（100g，120g），3颗纽扣

[编织要点]

袖片条纹花样：

A线，织14行下针。（B线，织2行下针，A线，织2行下针）×3次，B线，织14行下针。（A线，织2行下针，B线，织2行下针）×3次，A线，织14行下针。

注意：外套从右袖到左袖一片编织（从左往右编织）。

右袖：颜色B（A），起织（44，48）针，不要连接，织。注意第1行是正面编织。

按照如下方式处理：

右针对6个月宝宝的尺寸：从袖片条纹花样颜色B开始，织52行袖片条纹花样，颜色A断线。

右针对12个月宝宝的尺寸：袖片条纹花样织66行，A线断线。

针对所有尺寸：B线，接下来2行开始都起织（24，28）针。共（92，104）针。

接下来2行：A线，织下针。

接下来2行：B线，织下针。

重复最后4行的动作作为衣身片的条纹花样。一直到距离起织（24，28）针行位置（7.5，9）cm。以B线的2行结束。

左前片：下一行正面，A线，（46，52）针，最后1针

用记号扣标记。掉头。

剩下的（46，52）针放在大别针上。继续织衣身片的条纹花样，一直到距离标记位置（6，7.5）cm长，以B线的第1行结束。

B线，反面收针。

后片：正面，A线连接到剩下的（46，52）针，第1针记号扣标记，继续织衣身片的条纹花样，一直到距离标记位置（10，11.5）cm长，以A线的2行结束。将针目放在1个大别针上。

左前片：B线，起织（46，52）针，织衣身片条纹花样6行。

扣眼行：正面，A线，7针下针，[左上2针并1针，绕线加1针，（7，9）针下针]×3次，接下来织下针一直到行尾。3个扣眼。

继续编织衣身片的条纹花样，一直到左前片长（6，7.5）cm。以A线的2行结束。

连接左前片和后片：

下一行：正面，B线，左前片（46，52）针下针，后片（46，52）针下针。共（92，104）针。

继续编织衣身片条纹花样，一直到距离连接位置（7.5，9）cm长，以A线的2行结束。

边缘：B线，接下来2行开始各收（24，28）针。共（44，48）针。

左袖片：和右袖片一样的方法织（52，66）行袖片条纹花样。收针。

帽子：正面，A线，沿着领口边缘挑织，右前片挑织（16，19）针，后片挑织（21，25）针（正中间用记号扣标记），左前片挑织（16，19）针，一共（53，63）针。

织3行衣身片条纹花样，接下来正中间针目的左右两边各加1针，每4行正中间针目的左右两边各加1针，一直到（73，85）针，接下来不加针不减针，一直织到帽长19cm，以A线或者B线的2行结束。收针。

帽片中间折叠缝合。缝合腋下，把纽扣缝合到对应位置。

作品 15

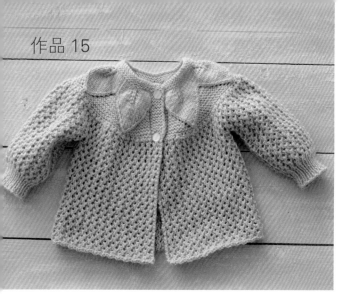

[编织密度] 24针 × 32行 = 10cm²

[工　具] 3.5mm棒针，3.75mm棒针，3.75mm钩针，
　　　　大别针

[材　　料] 绿色棉线（150g、250g），2颗纽扣

[编织要点]

花样1：

第1行：1针下针，（1针上针，绕线加1针，右下2针并1针），括号内的动作重复多次。最后剩下2针，织1针上针，1针下针。

第2行：2针下针，（2针上针，1针下针），括号内的动作重复多次。最后剩下1针织下针。

第3行：1针下针，1针上针，（左上2针并1针，绕线加1针，1针上针），括号内的动作重复多次。最后剩下1针织下针。

第4行：同第2行。

上面4行形成花样1。

毛衣：从领口开始往下一片编织。

用3.5mm棒针，起织70针。织5行（正反面都织下针，注意第1行是反面。

接下来按照如下方式处理：

第1行：正面，5针下针，1针上针，3针下针，（下针1针变2针，4针下针），括号内的动作重复多次，一直到最后6针，1针上针，收2针（扣眼），2针下针。共81针。

第2行：2针下针，2针上针，2针下针，（9针上针，1针下针），括号内的动作重复多次，一直到最后5针，

织5针下针。

叶子花样的织法：

第1行：正面，5针下针，（1针上针，4针下针，绕线加1针，1针下针，绕线加1针，4针下针），括号内的动作重复多次，一直到最后6针，1针上针，5针针。共95针。

第2行：6针下针，（11针上针，1针下针），括号内的动作重复多次，一直到最后5针，5针下针。

第3行：5针下针，（1针上针，5针上针，绕线加针，1针下针，绕线加1针，5针下针），括号内的动作重复多次，一直到最后6针，1针上针，5针上针。共109针。

第4行：6针下针，（13针上针，1针下针），括号内的动作重复多次，一直到最后5针，5针下针。

第5行：5针下针，（1针上针，记号扣标记，6针下针，绕线加1针，1针下针，绕线加1针，6针下针）括号内的动作重复多次，一直到最后6针，1针上针记号扣标记，5针下针。共123针。

第6行：5针下针，标记的针目上织下针，（接下来织针，一直到标记的针目，标记的针目上织下针），括号内的动作重复多次，一直到最后5针，织5针下针。

只针对6~12个月的宝宝的尺寸：

第7行：5针下针，（标记的针目上织上针，记号扣记，7针下针，绕线加1针，1针下针，绕线加1针7针下针），括号内的动作重复多次，一直到最后针，标记的针目上织上针，5针下针。共137针。

第8行：5针下针，标记的针目上织下针，（接下来织针，一直到标记的针目，标记的针目上织下针），括号内的动作重复多次，一直到最后5针，织5针下针。

针对所有尺寸：

根据花样1和花样2，注意（16，18）针花样组重复次。

7片叶子中间用平针（正反面都织下针）分离。

第1行：5针下针，标记的针目织上针，绕线加1针右下2针并1针，接下来织下针，一直到标记针目的2针，左上2针并1针，绕线加1针，（标记的针目织

，绕线加1针，右下2针并1针，接下来织下针，一直标记针目的前2针，左上2针并1针，绕线加1针），号内的动作重复多次，一直到最后6针，标记的针目织上针，5针下针。

2行：6针下针，（1针下针，接下来织上针，一直到记针目的前1针，1针下针，标记针目织下针），括内的动作重复多次，一直到最后5针，5针下针。

3行：5针下针，标记的针目上织上针，1针下针，绕加1针，右下2针并1针，接下来织下针，一直到标记目的前3针，左上2针并1针，绕线加1针，1针下针，标记的针目上织下针，1针下针，绕线加1针，右下2并1针，接下来织下针，一直到标记针目的前3针，上2针并1针，绕线加1针，1针下针），括号内的动重复多次，一直到最后6针，1针上针，5针下针。

4行：6针下针，（2针下针，接下来织上针，一直到记针目的前2针，2针下针，标记的针目上织下针），号内的动作重复多次，一直到最后5针，5针下针。

5行：5针下针，标记的针目上织上针，2针下针，绕加1针，右下2针并1针，接下来织下针，一直到标记目的前4针，左上2针并1针，绕线加1针，2针下针，标记的针目上织下针，2针下针，绕线加1针，右下2并1针，接下来织下针，一直到标记针目的前4针，上2针并1针，绕线加1针，2针下针），括号内的动重复多次，一直到最后6针，标记的针目上织上针，针下针。

6行：6针下针，（3针下针，接下来织上针，一直到记针目的前3针，3针下针，标记的针目上织下针），号内的动作重复多次，一直到最后5针，5针下针。

7行：5针下针，标记的针目上织上针，3针下针，绕加1针，右下2针并1针，接下来织下针，一直到标记目的前5针，左上2针并1针，绕线加1针，3针下针，标记的针目上织下针，3针下针，绕线加1针，右下2并1针，接下来织下针，一直到标记针目的前5针，上2针并1针，绕线加1针，3针下针），括号内的动重复多次，一直到最后6针，标记的针目上织上针，针下针。

8行：6针下针，（4针下针，接下来织上针，一直到记针目的前4针，4针下针，标记的针目上织下针），号内的动作重复多次，一直到最后5针，5针下针。

9行：5针下针，标记的针目上织上针，4针下针，绕加1针，右下2针并1针，接下来织下针，一直到标记

针目的前6针，左上2针并1针，绕线加1针，4针下针，（标记的针目上织下针，4针下针，绕线加1针，右下2针并1针，接下来织下针，一直到标记针目的前6针，左上2针并1针，绕线加1针，4针下针），括号内的动作重复多次，一直到最后6针，标记的针目上织上针，5针下针。

第10行：6针下针，（5针下针，接下来织上针，一直到标记针目的前5针，5针下针，标记的针目上织下针），括号内的动作重复多次，一直到最后5针，5针下针。

第11行：5针下针，标记的针目上织上针，5针下针，绕线加1针，右下2针并1针，接下来织下针，一直到标记针目的前7针，左上2针并1针，绕线加1针，5针下针，（标记的针目上织下针，5针下针，绕线加1针，右下2针并1针，接下来织下针，一直到标记针目的前7针，左上2针并1针，绕线加1针，5针下针），括号内的动作重复多次，一直到最后6针，标记的针目上织上针，5针下针。

第12行：6针下针，（6针下针，接下来织上针，一直到标记针目的前6针，6针下针，标记的针目上织下针），括号内的动作重复多次，一直到最后5针，5针下针。

只针对6~12个月宝宝的尺寸：

第13行：5针下针，标记的针目上织上针，6针下针，绕线加1针，右下2针并1针，接下来织下针，一直到标记针目的前8针，左上2针并1针，绕线加1针，6针下针，（标记的针目上织下针，6针下针，绕线加1针，右下2针并1针，接下来织下针，一直到标记针目的前8针，左上2针并1针，绕线加1针，6针下针），括号内的动作重复多次，一直到最后6针，标记的针目上织上针，5针下针。

第14行：5针下针，标记的针目上织下针，（7针下针，接下来织上针，一直到标记针目的前7针，7针下针，标记的针目上织下针），括号内的动作重复多次，一直到最后5针，5针下针。

针对所有尺寸：

下一行：正面，5针下针，标记的针目上织上针，（6，7）针下针，绕线加1针，右上3针并1针，左上2针并1针，将滑过的1针拨过，绕线加1针，（6，7）针下针，标记的针目上织下针]，括号内的动作重复多次，一直到最后5针，5针下针。移除记号扣。

下一行：（13，14）针下针，1针上针，[（15，17）针下针，1针上针]，中括号内的动作重复多次，一直到最后（13，14）针。织（13，14）针下针。

下一行：5针下针，1针上针，接下来织下针，一直到最后6针，1针上针，5针下针。

下一行：织下针。

下一行（加针行）：5针下针，1针上针，1针下针，（加1针），括号内的动作重复多次，一直到最后（8，9）针，（2，3）针下针，1针上针，1针下针，收2针，2针下针。（231，258）针。

下一行：2针下针，起织2针，接下来织下针，一直到行尾。

换成3.75mm棒针，织花样1（10，14）行，以反面行结束。

正面，将左前片的（33，40）针滑到一个大别针上，接下来将左袖的（48，51）针滑到一个空棒针上，且棒针两端用记号扣标记，后片的（69，76）针滑到一个大别针上，右袖的（48，51）针滑到一个大别针上且两端用记号扣标记，右前片的（33，40）针滑到一个大别针上。

袖片（左袖）：
3.75mm棒针，织（48，51）针。

织花样1，一直到袖片距离标记位置长度（10，12.5）cm长，以反面行结束。

换成3.5mm棒针，按照如下方式处理：
第1行：正面，左上2针并1针，（上针的左上2针并1针，1针下针），括号内的动作重复多次，一直到最后4针。上针的左上2针并1针，左上2针并1针，共

（31，33）针。

第2行：（1针上针，1针下针），括号内的动作重复多次，最后1针织上针。

第3行：（1针下针，1针上针），括号内的动作重复多次，最后1针织下针。

重复上面2行的动作3次，再重复第2行的动作1次。收针。

右袖的织法和左袖相同。

衣身片：
滑左前片的（33，40）针，后片的（69，76）针，右前片的（33，40）针到棒针上，共（135，156）针。

正面，连接线到左前片起始位置，3.75mm棒针，织花样1，一直到距离标记行（14，16.5）cm，以反面行结束。收针。

结束：缝合袖缝。

正面，用钩针沿着毛衣边缘钩织1行短针，如果必要的话，稍微放松颈部边缘。缝合纽扣。

花样1 0~3个月

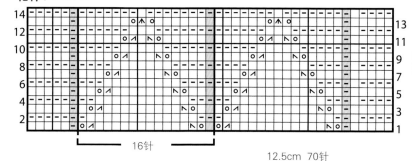

□ 正面织下针，反面织上针
− 正面织上针，反面织下针
▨□ 标记的针目
右上3针并1针：滑1针，以下针方2针，将滑过的针套拉出（减2针）
右上2针并1针：依次滑2针，将滑2针以正针法并织在一起（减1针）
左上2针并1针
绕线加1针

花样2 6~18个月

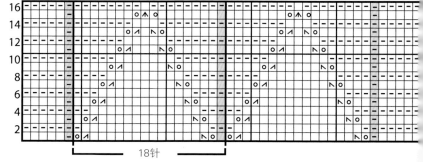

儿童年龄	合适的胸围尺寸	最终完成的尺寸
6 个月	43cm	53.5cm
12 个月	45.5cm	56cm
18 个月	48cm	58.5cm

[编织密度]22针×30行=10cm²

[工　　具]4.0mm棒针，2个大别针

[材　　料]浅灰色棉线（220g、260g、280g），1颗纽扣

[编织要点]

从上往下一片编织而成。

从领口开始起织（51，57，57）针，不要连接进行行织，形成后领开口。

按照如下方式处理：

第1行正面：（1针下针，1针上针），括号内动作重复多次，一直到最后1针织下针。

第2行：重复上面1行的动作，形成单桂花针。

第3行（扣眼行）：织单桂花针，扣眼处收2针，一直到行尾。

第4行：上面1行收针位置起织2针。织单桂花针，一直到行尾。

花样1：

第1行正面：（1针下针，1针上针）×2次，（1针上针，2针下针，绕线加1针，1针下针，绕线加1针，2针下针）×（7，8，8）次，1针上针，（1针上针，1针下针）×2次。共（65，73，73）针。

第2行和偶数行：（1针下针，1针上针）×2次，下针针目上织下针，上针针目上织上针，一直到最后4针。（1针上针，1针下针）×2次。

第3行：（1针下针，1针上针）×2次，（1针上针，3针下针，绕线加1针，1针下针，绕线加1针，3针下针）×（7，8，8）次，1针上针，（1针上针，1针下针）×2次。共（79，89，89）针。

第5行：（1针下针，1针上针）×2次，（1针上针，4针下针，绕线加1针，1针下针，绕线加1针，4针下针）×（7，8，8）次，1针上针，（1针上针，1针下针）×2次。共（93，105，105）针。

第7行：（1针下针，1针上针）×2次，（1针上针，5针下针，绕线加1针，1针下针，绕线加1针，5针下针）×（7，8，8）次，1针上针，（1针上针，1针下针

针）×2次。共（107，121，121）针。

第9行：（1针下针，1针上针）×2次，（1针上针，绕线加1针，右下2针并1针，4针下针，绕线加1针，1针下针，绕线加1针，4针下针，左上2针并1针，绕线加1针，1针上针）×（7，8，8）次，1针上针，（1针上针，1针下针）×2次。共（121，137，137）针。

第11行：（1针下针，1针上针）×2次，（2针上针，绕线加1针，右下2针并1针，4针下针，绕线加1针，1针下针，绕线加1针，4针下针，左上2针并1针，绕线加1针，1针上针）×（7，8，8）次，1针上针，（1针上针，1针下针）×2次。共（135，153，153）针。

第12行：反面，收4针，下针针目织下针，上针针目织上针，一直到最后4针，（1针上针，1针下针）×2次。共（131，149，149）针。

将所有针目连接成圈，第1针用记号扣标记，进行圈织。

剩下的圈都正面织。

第13圈：（1针下针，1针上针）×2次，（1针下针，2针上针，绕线加1针，右下2针并1针，9针下针，左上2针并1针，绕线加1针，2针上针）×（7，8，8）次，1针上针。

第14圈和偶数圈：（1针上针，1针下针）×2次，下针针目上织下针，上针针目上织上针，一直到结尾。

第15圈：（1针下针，1针上针）×2次，（2针下针，2针上针，绕线加1针，右下2针并1针，7针下针，左

上2针并1针，绕线加1针，2针上针，1针下针）×（7，8，8）次，1针上针。

第17圈：（1针下针，1针上针）×2次，（3针下针，2针上针，绕线加1针，右下2针并1针，5针下针，左上2针并1针，绕线加1针，2针上针，2针下针）×（7，8，8）次，1针上针。

第19圈：（1针下针，1针上针）×2次，（4针下针，2针上针，绕线加1针，右下2针并1针，3针下针，左上2针并1针，绕线加1针，2针上针，3针下针）×（7，8，8）次，1针上针。

第21圈：（1针下针，1针上针）×2次，（5针下针，2针上针，绕线加1针，右下2针并1针，1针下针，左上2针并1针，绕线加1针，2针上针，4针下针）×（7，8，8）次，1针上针。

第23圈：（1针下针，1针上针）×2次，（6针下针，绕线加1针，2针上针，绕线加1针，sl1，左上2针并1针，加1针，右上2针并1针，左上2针并1针，将针套滑过左侧针，绕线加1针，2针上针，绕线加1针，5针下针）×（7，8，8）次，1针上针。共（145，165，165）针。

第25圈：（1针下针，1针上针）×2次，（8针下针，5针上针，7针下针）×（7，8，8）次，1针上针。

第27圈：（1针下针，1针上针）×2次，（9针下针，绕线加1针，3针上针，绕线加1针，8针下针）×（7，8，8）次，1针上针。共（159，181，181）针。

第29圈：（1针下针，1针上针）×2次，（11针下针，1针上针，10针下针）×（7，8，8）次，1针上针。

第30圈：（1针下针，1针上针）×2次，接下来织下针，一直到结尾。

针对12个月和18个月宝宝的尺寸：再次重复最后1圈的动作（2，4）次。

分袖片：

针对所有的尺寸：

跳过最开始的（25，30，30）针不织，将接下来的（33，35，35）针滑到大别针上作为左袖片，跳过（47，55，55）针，将接下来的（33，35，35）针滑到大别针上作为右袖片，接下来的（21，26，26）。衣身片一共（93，111，111）针，圈结尾用记号扣标记。

针对6个月宝宝的尺寸：

下一圈：（1针下针，1针上针）×2次，（8针下针，

加1针），括号内动作重复多次，一直到最后1针织下针。共104针。

针对12个月和18个月宝宝的尺寸：

下一圈：（1针下针，1针上针）×2次，接下来织下针，一直到最后1针，加1针。共112针。

裙腰带：

针对所有尺寸：

第1圈：（1针上针，1针下针），括号内动作重复多次。

第2圈：（1针下针，1针上针），括号内动作重复多次。

第3~6圈：上面2圈再重复2次。

下身裙：

第1圈：4针下针，加1针，（1针上针，加1针，7针下针，加1针），括号内动作重复多次，一直到最后4针，1针上针，加1针，3针下针。共（130，140，140）针。

第2~12圈：5针下针，（1针上针，9针下针），括号内动作重复多次，一直到最后5针，1针上针，4针下针。

第13圈：5针下针，加1针，（1针上针，加1针，9针下针，加1针），括号内动作重复多次，一直到最后5针，1针上针，加1针，4针下针。共（156，168，168）针。

第14~24圈：6针下针，（1针上针，11针下针），括号内动作重复多次，一直到最后6针，1针上针，5针下针。

第25圈：6针下针，加1针，（1针上针，加1针，11针下针，加1针），括号内动作重复多次，一直到最后6针，1针上针，加1针，5针下针。共（182，196，196）针。

第26~36圈：7针下针，（1针上针，13针下针），括号内动作重复多次，一直到最后7针，1针上针，6针下针。

第37圈：7针下针，加1针，（1针上针，加1针，13针下针，加1针），括号内动作重复多次，一直到最后7针，1针上针，加1针，6针下针。共（208，224，224）针。

第38圈：8针下针，（1针上针，15针下针），括号内动作重复多次，一直到最后8针，1针上针，7针下针。重复最后1圈的动作，一直到距离标记处（18，19，21.5）cm长。

下一圈：8针下针，记号扣标记为这圈开始，按照以下方式处理。

边缘（花样2）：

第1圈：（1针上针，5针下针，左上2针并1针，绕线加

1针，1针下针，绕线加1针，右下2针并1针，5针下针），括号内动作重复多次。

第2圈和偶数圈：（1针上针，15针下针），括号内动作重复多次。

第3圈：（1针上针，4针下针，左上2针并1针，绕线加1针，3针下针，绕线加1针，右下2针并1针，4针下针）括号内动作重复多次。

第5圈：[1针上针，3针下针，（左上2针并1针，绕线加1针）×2次，1针下针，（绕线加1针，右下2针并1针）×2次，3针下针]，中括号内动作重复多次。

第7圈：[1针上针，2针下针，（左上2针并1针，绕线加1针）×2次，3针下针，（绕线加1针，右下2针并1针）×2次，2针下针]，中括号内动作重复多次。

第9圈：[1针上针，1针下针，（左上2针并1针，绕线加1针）×3次，1针下针，（绕线加1针，右下2针并1针）×3次，1针下针]，中括号内动作重复多次。

第11圈：同第7圈。

第13圈：（1针上针，3针下针，左上2针并1针，绕线加1针，5针下针，绕线加1针，右下2针并1针，3针下针），括号内动作重复多次。

第15圈：（1针上针，2针下针，左上2针并1针，绕线加1针，1针下针，绕线加1针，右下2针并1针，1针下针，左上2针并1针，绕线加1针，1针下针，绕线加1针，右下2针并1针，2针下针），括号内动作重复多次。

第17圈：（1针上针，1针下针，左上2针并1针，绕线加1针，3针下针，绕线加1针，右上2针并1针，左上2针并1针，将针套滑过左侧针，绕线加1针，3针下针，绕线加1针，右下2针并1针，1针下针），括号内动作重复多次。

第19圈：（1针下针，1针上针），括号内动作重复多次。

第20圈：（1针上针，1针下针），括号内动作重复多次。

第21~24圈：再次重复最后2圈的单桂花针2次。

□ 正面织下针，反面织上针
− 正面织上针，反面织下针
↗ 左上2针并1针
↘ 右上2针并1针：依次滑2针，将滑过的2针以正针法并织在一起（减1针）
○ 绕线加1针
◩ 右上3针并1针：滑1针，以下针方式织2针，将滑过的针套拉出（减2针）

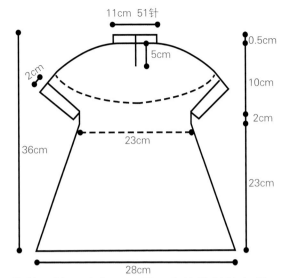

收针。袖子边缘：正面，在袖子别针上织（33，35，35）针下针，不要连接，然后行织。

第1行：反面，（1针下针，1针上针），括号内动作重复多次，一直到最后1针织下针。

再重复上面1行的动作织单桂花针4次，收针，缝合袖片。

花样1

花样2

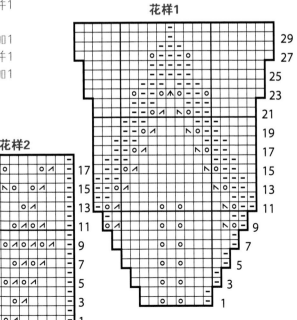

51

作品 17

儿童年龄	合适的胸围尺寸	最终完成的尺寸
新生	37cm	44.5cm
3个月	40.5cm	48cm
6~12个月	43cm	53.5cm

[编织密度]20针×38行=10cm²
[工　具]4.0mm棒针，4个记号扣，2个大别针
[材　料]灰色棉线（150g，180g，200g），3颗纽扣
[编织要点]
从上往下一片编织，请做好标记。
从领口边缘开始，起织（52，56，60）针，不要连接，行织。
领口：织7行下针，注意第1行反面编织。
第1行：正面，（8，9，10）针下针，加1针，记号扣标记，2针下针，记号扣标记，加1针，6针下针，加1针，记号扣标记，2针下针，记号扣标记，加1针，（16，18，20）针下针，加1针，记号扣标记，2针下针，记号扣标记，加1针，6针下针，加1针，记号扣标记，2针下针，记号扣标记，加1针，（8，9，10）针下针。共（60，64，68）针。
第2行：（织下针，一直到记号扣标记处，2针上针）×4次，接下来织下针到行尾。
第3行：（织下针，一直到记号扣标记处，加1针，滑记号扣，2针下针，滑记号扣，加1针）×4次，接下来织下针到行尾。共（68，72，76）针。
再重复第2行和第3行的动作（10，11，11）次，共（148，160，164）针。
第1行反面，（织下针，一直到记号扣标记处，2针上针）×4次，接下来织下针到行尾。

第2行：（织下针，一直到记号扣标记处，2针下针）×4次，接下来织下针到行尾。
第3行：同第1行。
第4行：（织下针，一直到记号扣标记处，加1针，记号扣，2针下针，滑记号扣，加1针）×4次，接下来织下针到行尾。
再重复上面第4行的动作（1，1，2）次。共（164，176，192）针。
下一行：（织下针，一直到记号扣标记处，2针上针）×4次，接下来织下针到行尾。
分片（衣身片和袖片）：
下一行：（22，24，26）针下针，将接下来的（38，40，44）针滑到大别针上作为袖片，（44，48，52）针下针，将接下来的（38，40，44）针滑到大别针上作为袖片，（22，24，26）针下针。衣身片共（88，96，104）针。
继续行织下针，一直到距离分片位置（12.5，15，18）cm长，以正面行结束。
反面收针。
袖片：（38，40，44）针。
继续行织，一直到距离分片位置（11.5，14，15）cm长，以正面行结束。反面收针。
缝合袖缝。
衣襟（纽扣侧）：
左前片边缘挑织（45，51，57）针下针，织6行针。反面收针。
衣襟（扣眼侧）：
右前片边缘挑织（45，51，57）针下针，织3针。
下一行：（织下针到下一个扣眼处，左上2针并1针，绕线加1针）×3次，接下来织下针到行尾。
接下来2行：织下针。
反面收针，缝合纽扣。
帽子：
起织（51，59，69）针，不要连接，行织。

第1行：正面，1针下针，（1针上针，1针下针），括号内动作重复多次。

第2行：（1针上针，1针下针），括号内动作重复多次，最后1针织上针。

再重复上面2行的动作2次。共6行。

接下来行织下针，一直到距离起始位置（6，7.5，7.5）cm，以反面行结束。

肩部：第1行正面，[（23，12，32）针下针，左上2针并1针]，中括号内动作重复多次，一直到最后（1，3，1）针，织下针。共（49，55，67）针。

第2行和偶数行：织下针。

第3行：1针下针，[左上2针并1针，（6，7，9）针下针]，中括号内动作重复多次。共（43，49，61）针。

第5行：1针下针，[左上2针并1针，（5，6，8）针下针]，中括号内动作重复多次。共（37，43，55）针。

第7行：1针下针，[左上2针并1针，（4，5，7）针下针]，中括号内动作重复多次。共（31，37，49）针。

第9行：1针下针，[左上2针并1针，（3，4，6）针下针]，中括号内动作重复多次。共（25，31，43）针。

第11行：1针下针，[左上2针并1针，（2，3，5）针下针]，中括号内动作重复多次。共（19，25，37）针。

第13行：1针下针，[左上2针并1针，（1，2，4）针下针]，中括号内动作重复多次。共（13，19，31）针。

针对3个月和6~12个月宝宝的尺寸：

第14行：织下针。

第15行：1针下针，[左上2针并1针，（1，3）针下针]，中括号内动作重复多次。共（13，25）针。

针对6~12个月的尺寸：

第16行：织下针。

第17行：1针下针，（左上2针并1针，2针下针），括号内动作重复多次。共19针。

针对所有尺寸：

下一行：1针下针，（左上2针并1针），括号内动作重复多次，一直到行尾。共（7，7，9）针。

断线，留下长的一段用于缝合。

将剩下的针目拉紧缝合。

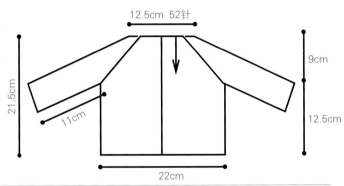

作品 18

儿童年龄	合适的胸围尺寸	最终完成的尺寸
6 个月	43cm	52cm
12 个月	45.5cm	53.5cm
18 个月	48cm	56cm
24 个月	53.5cm	58.5cm

[编织密度]18针×24行=10cm²

[工　　具]4.5mm棒针，5.0mm棒针，4个记号扣，3个大别针

[材　　料]绿色棉线（150g，180g，250g，280g），白色棉线（50g，50g，50g，50g），纽扣3颗

53

[编织要点]

套衫从上往下一片编织。

育克行织形成右前片的开口，衣身片在腋下开始圈织。

育克：

用白色棉线，4.5mm棒针，起织（41，49，49，57）针，不要连接，行织。

第1行：正面，1针下针，（1针上针，1针下针），括号内动作重复多次。

第2行：1针上针，（1针下针，1针上针），括号内动作重复多次。

再重复上面2行单罗纹花样1次，白色棉线断线。

用绿色棉线，5.0mm棒针，按照如下方式处理：

第1行：正面，1针下针，[加1针，（14，16，16，18）针下针，加1针，1针下针（记号扣标记），加1针，（4，6，6，8）针下针，加1针，1针下针（记号扣标记）]×2次。共（49，57，57，65）针。

第2行：织上针。

第3行：1针下针，加1针，[接下来织下针到标记针目，加1针，1针下针（记号扣标记），加1针]×2次，织下针，一直到最后1个标记针目。加1针，1针下针。

再重复上面2行的动作（12，12，13，13）次，共（153，161，169，177）针。

不加针不减针织（1，1，3，3）行。

分成衣身片和袖片：

第1行：正面，（44，46，48，50）针下针作为前片，滑接下来的（32，34，36，38）针到大别针上作为左袖，起织2针，（44，46，48，50）针为后片，滑接下来的（32，34，36，38）针到大别针上作为右袖，1针下针，起织1针。衣身片共（92，96，100，104）针，连接成圈，起始针中间放记号扣标记为圈开始的第1针。

接下来织下针，一直到距离分片位置（16.5，19，20.5，21.5）cm长，绿色棉线断线。

换成白色棉线，4.5mm棒针。

下一圈：织下针。

下一圈：（1针下针，1针上针），括号内动作重复多次，再重复最后1圈的单罗纹花样5次，收针。

袖片：

用绿色棉线，5.0mm棒针，（32，34，36，38）针下针，腋下挑织2针下针，连接成圈。织2针，中间放记号扣，标记为这圈开始的第1针。共（34，36，38，

40）针。

圈织下针，接下来每（9，10，11，12）圈两端各减1针，减4次，共（26，28，30，32）针。

接下来不加针不减针织下针，一直到距离分片位置（18，19，20.5，23）cm长，灰色棉线断线。

换成白色棉线，4.5mm棒针。

下一圈：织下针。

接下来织4圈的单罗纹花样。收针。

衣襟（扣眼侧）：

正面，用白色棉线，4.5mm棒针，右前片开口位置织（22，24，26，28）针，从领口边缘开始，不要连接。

第1行：反面，（1针下针，1针上针），括号内动作重复多次。

针对6个月和18个月宝宝的尺寸：下一行（扣眼行）单罗纹花样（4，5）针，[绕线加1针，左上2针并1针，单罗纹花样（4，5）针]×3次。

针对12个月和24个月宝宝的尺寸：下一行（扣眼行）单罗纹花样（4，5）针，[绕线加1针，左上2针并1针，单罗纹花样（5，6）针]×2次，绕线加1针，左上2针并1针，单罗纹花样（4，5）针。

针对所有尺寸：

下一行：反面，（1针下针，1针上针），括号内动作重复多次。收针。

衣襟（纽扣侧）：

和扣眼侧一致，需要忽略扣眼的处理。

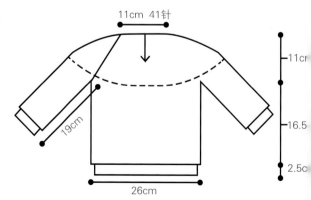

绣图方法

花样

作品 19

编织密度]18针×24行=10cm²

工　具]4.5mm棒针，5.0mm棒针，4个记号
扣，3个大别针

材　料]绿色棉线（150g，180g，250g，280g），
白色棉线（50g，50g，50g，50g），3颗纽扣

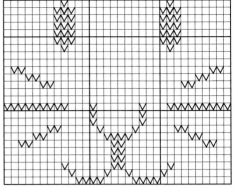

[编织要点]

[编织要点]
从上往下一片
编织，育克行
织形成右前片
领口开口，腋
下和袖片圈
织。

育克：
用白色棉线，
4.5mm棒针，
起织（41，
49，49，57）针，不要连接，行织。
第1行：1针下针，（1针上针，1针下针），括号内动作重
复多次。
第2行：1针上针，（1针下针，1针上针），括号内动作重
复多次。
再重复上面2行的单罗纹花样1次。白色的尺寸线断线。
用绿色棉线，5.0mm棒针，按照如下方式处理：
第1行：正面，1针下针，[加1针，（14，16，16，18）针
下针，加1针，1针下针（记号扣标记），加1针，（4，6，
6，8）针下针，加1针，1针下针（记号扣标记）]×2次，
共（49，57，57，65）针。
第2行：织上针。
第3行：1针下针，[加1针，接下来织下针，一直到标记针
目，加1针，1针下针（记号扣标记），加1针]×3次，接下
来织下针，一直到最后标记针目，加1针，1针下针。
再重复第2行和第3行的动作（12，12，13，13）次。共
（153，161，169，177）针。
接下来不加针不减针正面织上针，反面织下针，织1（1，
3，3）行。
分成衣身片和袖片：
第1行：正面，织（44，46，48，50）针下针作为前片，滑
接下来的（32，34，36，38）针到大别针上作为左袖片，
起织2针，织（44，46，48，50）针下针作为后片，滑接下
来的（32，34，36，38）针到大别针上作为右袖片，1针下
针，起织1针。衣身片共（92，96，100，104）针。
连接成圈，和作品18是一样的款式，只是花样不同。

作品 20

儿童年龄	3~6 个月	12~24 个月	2~4 岁	4~6 岁
胸围	45cm	56cm	58cm	65cm
长度	25.5cm	30.5cm	37.5cm	41cm
主色线	100g	150g	150g	200g
配色线	50g	50g	100g	100g

[编织密度]22针×24行=10cm² （4.5mm棒针花样）
22针×26行=10cm² （4.0mm下针花样）

[工 具]3.75mm棒针，4.0mm棒针，4.5mm棒针，
大别针

[编织要点]
毛衣是从上往下一片编织完成的。

育克：
3.75mm棒针，配色线，起织48（52，56，60）针。
织2cm长的双罗纹花样。配色线断线，连接主色线。
换成4.0mm棒针。

准备圈：前片20（22，22，24）针下针，记号扣标
记，袖片4（4，6，6）针下针，记号扣标记，后片20
（22，22，24）针下针，记号扣标记，袖片4（4，6，
6）针下针。

下一圈（加针圈）：1针下针，M1（衣身片加针），

接下来织下针，一直到记号扣标记的前面1针，M1
（衣身片加针），1针下针，移记号扣，1针下针，
M1（袖片加针），接下来织下针，一直到记号扣
标记的前面1针，M1（袖片加针），1针下针，移
记号扣，1针下针，M1（衣身片加针），接下来织
下针，一直到记号扣标记的前面1针，M1（衣身片
加针），1针下针，移记号扣，1针下针，M1（袖
片加针），接下来织下针一直到记号扣标记的前
面1针，M1（袖片加针），1针下针。一共加了8
针，共56（60，64，68）针。

下一圈：按照上面的方式，衣身片加针1次。

接下来衣身片每2圈加针，加11（13，15，17）
次，衣身片加针的同时袖片按照如下方式加针：

每1（1，2，2）圈加针，加7（3，15，15）次，然
后每2（2，4，4）圈加针，加8（12，0，0）次。
织完共164（176，188，200）针。每个袖片各
36（36，38，38）针，前片和后片分别46（52，
56，62）针。

接下来不加针不减针圈织下针，一直到距离起始位
置4（5，5，6），11.5（12.5，14.5，16）cm长。

接下来分衣身片和袖片：
第1圈：前片46（52，56，62）针织下针，将袖片
36（36，38，38）针移到大别针上待用，袖窿处
起织2（4，6，8）针，后片46（52，56，62）
针织下针，将袖片36（36，38，38）针移到大别
针上待用，袖窿处起织2（4，6，8）针。衣身片
共96（112，124，140）针。

衣身片：
只针对3~6个月和4~6岁宝宝的尺寸：
加针圈：1针下针，M1，44（-，64，-）针
下针，M1，接下来织下针，一直到圈尾。共98
（-，126，-）针。

针对所有尺寸：
98（112，126，140）针。

接下来不加针不减针圈织下针，一直到距离分片位
置2.5（5.5，10，12）cm。换成4.5mm棒针，织24
圈的小鱼花样，14针的单元花重复7（8，9，10）
次。织完配色线，断线。

主色线，织1圈下针。主色线断线。

下摆：
换成3.75mm棒针，配色线，织1圈下针。

然后织双罗纹花样，一直到距离分片位置14（17.5，23，25）cm长。收针。

袖片：
4.0mm棒针，主色线，前面袖窿处起织2（4，6，8）针，从正中间开始挑织1（2，3，4）针，织36（36，38，38）针下针，挑织袖窿处剩下的1（2，3，4）针。共38（40，44，46）针。连接成圈，第1针用记号扣标记。圈织2.5cm长的下针。

调整袖片：
减针圈：1针下针，K2tog，接下来织下针，一直到最后3针，Ssk，1针下针。减了2针。
接下来每6（6，6，10）圈重复减针圈的动作0（0，5，2）次，然后每4（4，4，8）圈重复4（5，0，2）次。共减了8（10，10，8）针，剩下28（28，32，36）针。
接下来不加针不减针圈织下针，一直到12.5（15，19，24）cm。
主色线断线，换成3.75mm棒针和配色线，织2.5cm长的双罗纹花样。收针。

帽子：
配色线，3.75mm棒针，起织68（84，96）针。
织2.5（3，4）cm长的双罗纹花样。
换成主色线，4.5mm棒针，配色线不要断线。
只针对尺寸1和尺寸3：
加针圈：1针下针，M1，35（-，47）针下针，M1，接下来织下针一直到圈尾。共70（-，98）针。
针对所有尺寸：

70（84，98）针。
织14圈的小鱼花样，14针的单元花重复5（6，7）次。织完配色线，断线。
主色线，换成4.0mm棒针，接下来不加针不减针圈织下针，一直到距离起始位置10.5（12，13.5）cm。
接下来进行调整：
第1圈：（5针下针，K2tog）×10（12，14）次，共60（72，84）针。
第2、4、6、8、10圈：织下针。
第3圈：（4针下针，K2tog）×10（12，14）次，共50（60，70）针。
第5圈：（3针下针，K2tog）×10（12，14）次，共40（48，56）针。
第7圈：（2针下针，K2tog）×10（12，14）次，共30（36，42）针。
第9圈：（1针下针，K2tog）×10（12，14）次，共20（24，28）针。
第11圈：（K2tog）×10（12，14）次，共10（12，14）针。
第12圈：（K2tog）×5（6，7）次，共5（6，7）针。
双罗纹花样（针数是4的倍数）：
（2针下针，2针上针），括号内动作重复多次。

花样1
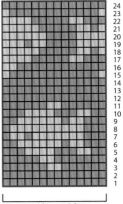
24 23 22 21 20 19 18 17 16 15 14 13 12 11 10 9 8 7 6 5 4 3 2 1
14针1一重复

花样2
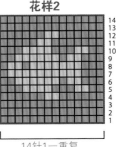
14 13 12 11 10 9 8 7 6 5 4 3 2 1
14针1一重复

3 2 1

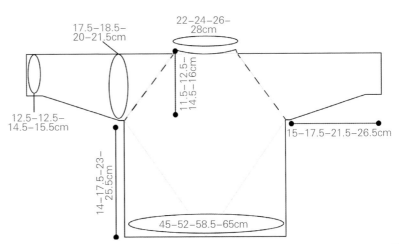

17.5-18.5-20-21.5cm
22-24-26-28cm
11.5-12.5-14.5-16cm
12.5-12.5-14.5-15.5cm
15-17.5-21.5-26.5cm
14-17.5-23-25.5cm
45-52-58.5-65cm

57

作品 21

儿童年龄	合适的胸围尺寸	最终完成的尺寸
2 岁	53.5cm	57cm
4 岁	58.5cm	62cm
6 岁	63.5cm	67.5cm
8 岁	68.5cm	73.5cm

[编织密度]19针×28行=10cm²

[工　具]4.5mm棒针

[材　料]彩色棉线（220g，230g，280g，300g），
　　　　纽扣3颗

[编织要点]

注意衣身片一片编织。

起织（120，128，136，148）针，不要连接。行织。

织6行（正反面都织下针）。

下一行：正面，（30，32，34，37）针下针，用记号扣
标记，（60，64，68，74）针下针，用记号扣标记，接
下来织下针到行尾。

接下来反面织上针，正面织下针。一直到（15，18，
20.5，24）cm长。以反面行结束。

下一行（减针行）：正面，6针下针，（左上2针并1针）
×5次，接下来织下针到记号扣位置，将针滑到记号扣
上，织（20，22，24，27）针下针，（左上2针并1针）
×10次，接下来织下针到记号扣位置，滑记号扣，织下
针到最后16针，（左上2针并1针）×5次，织下针到行
尾。共（100，108，116，128）针。

织3行（正反面都织下针）。

接下来分袖窿。

下一行：正面，（织下针，一直到记号扣前面1针，移除
记号扣，连接第2团线，收2针）×2次，接下来织下针到
行尾。前片（左前片和右前片）是（24，26，28，31）
针，后片是（48，52，56，62）针。

两个前片用分开的线同时织，正面织下针，反面织上
针，一直到离袖窿（7.5，7.5，7.5，9）cm长，右前片
以上针行结束，左前片以下针行结束。

前领口：

下一行开始收5针。不加针不减针织1行。下一行开
始收4针。不加针不减针织1行。下一行开始收3针。
不加针不减针织1行。下一行开始收2针。不加针不
减针织1行。下一行最开始减1针。

每个肩剩下（9，11，13，16）针。

继续不加针不减针织到离袖窿（11.5，12.5，12.5，
14）cm长，以上针行结束，收针。

后片：

反面，连接线，（48，52，56，62）针。

不加针不减针织到离袖窿（11.5，12.5，12.5，14）
cm长，以上针行结束。收针。

袖片：

起织（25，27，33，35）针。织6行（正反面都织下
针）。接下来正面织下针，反面织上针，每（4，4，
6，6）行结尾加1针，加（5，5，4，6）次，然后每
（6，6，8，8）行结尾加1针，加（4，5，3，2）
次，共（43，47，47，51）针。

继续不加针不减针织到离最开始（23，28，30.5，
35.5）cm长，以上针行结束，收针。

在离收针行下面2行袖子边缘用记号扣标记。

结束：缝合肩袖，缝合袖子，沿标记线折叠，形成方
形袖窿。

领口边缘：

正面，左前片挑织（19，21，21，23）针，后片领
织27针，右前片领挑织（19，21，21，23）针。共
（65，69，69，73）针。织3行下针，收针。

左前片边缘：衣襟

正面，左前片挑织（38，42，46，50）针。织3行下
针，收针。

在3颗纽扣位置用记号扣标记。

右前片边缘：衣襟

正面，左前片挑织（38，42，46，50）针。织1行下针。

下一行：正面，（织下针，一直到下一个纽扣标记位

置，绕线，左上2针并1针）× 3
次，接下来织下针一直到行尾。
织1行下针，收针。
将纽扣钉到对应扣眼的位置。

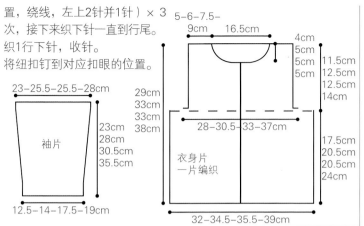

袖片尺寸：
23-25.5-25.5-28cm
袖片
23 28 30.5 35.5 cm
12.5-14-17.5-19cm

衣身片尺寸：
5-6-7.5-9cm 16.5cm
4cm
5cm 11.5cm
5cm 12.5cm
5cm 12.5cm
14cm
29cm 33cm 33cm 38cm
28-30.5-33-37cm
17.5cm 20.5cm 20.5cm 24cm
衣身片 一片编织
32-34.5-35.5-39cm

以反面行结束。白色棉线断线。
换成蓝灰色棉线，继续正反面织下针到
（16.5, 18, 19.5）cm长，以反面行结束。
袖子：
用白色棉线，起织（38, 40, 42）针。
正反面织下针一直到4.5cm长，第1行是反
面行，且以反面行结束。白色棉线断线。换
成蓝灰色棉线，继续正反面织下针织8行。
下一行两端各加1针，接下来每8行两端
各加1针，一直到（42, 46, 50）针。
继续正反面织下针到（18, 19, 20.5）cm
长，以反面行结束。将针目放在大别针上。
育克：
第1行：正面，蓝灰色棉线，衣身片右前片织
（28, 29, 31）针，袖子上织（42, 46, 50）
针，衣身片后片上织（54, 56, 58）针，袖子上
织（42, 46, 50）针，衣身片左前片织（28,
29, 31）针。共（194, 206, 220）针。
第2行：（准备行，反面）织（25, 26, 28）针下
针，记号扣标记，7针上针，记号扣标记，（34,
38, 42）针下针，记号扣标记，7针上针，记号扣
标记，（48, 50, 52）针下针，记号扣标记，7针
上针，记号扣标记，（34, 38, 42）针下针，记
号扣标记，7针上针，记号扣标记，织（25, 26,
28）针下针。
第3行：（23, 24, 26）针下针，Ssk，滑记
号扣，接下来7针织花样的第1行，滑记号扣，
K2tog，（30, 34, 38）针下针，Ssk，滑记
号扣，接下来7针织花样的第1行，滑记号扣，
K2tog，（44, 46, 48）针下针，Ssk，滑记号扣，
接下来7针织花样的第1行，滑记号扣，
K2tog，（30, 34, 38）针下针，Ssk，滑记
号扣，接下来7针织花样的第1行，滑记号扣，
K2tog，（23, 24, 26）针下针。共（186,
198, 212）针。
第4行：（24, 25, 27）针下针，滑记号扣，接
下来7针织花样的第2行，滑记号扣，（32, 36,
40）针下针，滑记号扣，接下来7针织花样的第2
行，滑记号扣，（46, 48, 50）针下针，滑记号
扣，接下来7针织花样的第2行，滑记号扣，（32,
36, 40）针下针，滑记号扣，接下来7针织花样的

作品22

[编织密度]20针×40行=10cm²
[工　具]4.0mm棒针，大别针
[材　料]蓝灰色棉线（150g, 150g, 150g, 200g），
　　　　白色棉线（50g, 50g, 50g, 50g），纽扣1颗

[编织要点]
注意衣身片一片编织到袖窿。
衣身片：
用白色棉线，起织（110, 114, 120）针，不要连接，行织。
正反面都织下针，一直到4.5cm长，第1行是反面行，且

儿童年龄	合适的胸围尺寸	最终完成的尺寸
6个月	43cm	53.5cm
12个月	45.5cm	56cm
18个月	48cm	58.5cm

第2行，滑记号扣，（24，25，27）针下针。

第5行：（24，25，27）针下针，滑记号扣，接下来7针织花样的第3行，滑记号扣，（32，36，40）针下针，滑记号扣，接下来7针织花样的第3行，滑记号扣，（46，48，50）针下针，滑记号扣，接下来7针织花样的第3行，滑记号扣，（32，36，40）针下针，滑记号扣，接下来7针织花样的第2行，滑记号扣，（24，25，27）针下针。

第6行：（24，25，27）针下针，滑记号扣，接下来7针织花样的第4行，滑记号扣，（32，36，40）针下针，滑记号扣，接下来7针织花样的第4行，滑记号扣，（46，48，50）针下针，滑记号扣，接下来7针织花样的第4行，滑记号扣，（32，36，40）针下针，滑记号扣，接下

来7针织花样的第4行，滑记号扣，（24，25，27）针下针。花样在对应的位置。

第7行：减针行，织下针一直到记号扣前面2针，Ssk，（滑记号扣，接下来7针织花样，滑记号扣，K2tog，织下针一直到记号扣前面2针，Ssk）×3次，滑记号扣，接下来7针织花样，滑记号扣，K2tog，织下针一直到这行结尾。共减了8针。

接下来按照花样不加针不减针织3行（记号扣位置不变）。

接下来1行同减针行减8针。

接下来每4行同减针行减8针减（1，3，5）次。共（162，158，156）针。接下来按照花样不加针不减针织1行。

下一行：（扣眼行，正面），3针下针，收2针，接下来织下针，一直到记号扣前面2针，Ssk，（滑记号扣，

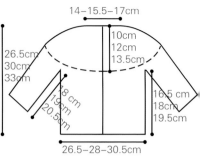

14－15.5－17cm

10cm
12cm
13.5cm

26.5cm
30cm
33cm

18cm
19cm
20.5cm

16.5cm
18cm
19.5cm

26.5－28－30.5cm

接下来7针织花样，滑记号扣，K2tog，织下针，一直到记号扣前面2针，Ssk）×3次，滑记号扣，接下来7针织花样，滑记号扣，K2tog，织下针一直到这行结尾。

接下来1行不加针不减针，按照花样织1行。注意收针的2个针目要加起来。

下一行同减针行。共（58，62，68）针。收针。缝合。

作品·23

[编织密度]17针×24行=10cm²
[工具]5.0mm棒针，记号扣，3个大别针
[编织要点]
注意：
1）此外套从领口往下到腋下一片编织而成，然后分成前片、后片和袖片分片编织。

儿童年龄	3个月	6个月	12个月	18个月
胸围	52cm	57cm	62cm	67.5cm
毛线量	150g	200g	200g	250g
帽子尺寸	38cm	38cm	45.5cm	45.5cm

2）记号扣分离前片衣襟和星形花样，以及单元星形花样间建议也用记号扣标记。

3）帽子是从上往下编织而成的。

4）星形花样图案织正面时从右往左看，织反面时从左往右看。

育克：
起织（55，59，63，67）针，行织。
第1行和第2行：织下针。
第3行（扣眼行，反面）：1针下针，左上2针并1针，绕线加1针（完成一个扣眼），接下来织下

针，一直到行尾。
第4行和第5行：织下针。
第6行：3针下针，（1针上针，3针下针），括号内动作重复多次。
第7行：4针下针（作为前片衣襟），（3针上针，1针下针），括号内动作重复多次，一直到最后3针，3针下针（作为前片衣襟）。
开始织星形图案：
第1行：正面，3针下针，记号扣标记，按照星形花样的第1行编织，单元花重复（12，

13，14，15）次，记号扣标记，1针上针，3针下针。

第2行：织下针到记号扣标记位置，移记号扣，下1行织星形花样，单元花重复（12，13，14，15）次，移记号扣，接下来织下针到行尾。

第3行：织下针到记号扣标记位置，移记号扣，下1行织星形花样，单元花重复（12，13，14，15）次，移记号扣，1针上针，3针下针。

第4~7行：重复上面2行的动作2次。

第8行（扣眼行，反面）：1针下针，左上2针并1针，绕线加1针，1针下针，移记号扣，按照花样下一行织星形花样1，单元花重复（12，13，14，15）次，移记号扣，接下来织下针到行尾。

第9行：重复第3行的动作。

第10~19行：重复第2行和第3行的动作5次。

第20行（扣眼行）：重复第8行的动作。

第21~26行：重复第9行和第10行3次。共（151，163，175，187）针，星形花样完成。

接下来正面行开始织桂花针，前片衣襟不变，育克长度（14，15，16.5，18）cm，同时继续按照上面每12行织1个扣眼，以反面行结束。

接下来分成前片、后片和袖片：

分片行正面，3针下针，1针上针，接下来（20，22，24，26）针织桂花针，共（24，26，28，30）针作为左前片，接下来（30，32，34，36）针作为左袖片织桂花针并移到大别针上待用，（43，47，51，55）针织桂花针作为后片，（30，32，34，36）针作为右袖织桂花针并移到大别针上待用，（20，22，24，26）针桂花针，1针上针，3针下针，共（24，26，

28，30）针作为右前片。衣身片共（91，99，107，115）针。

袖片：

（30，32，34，36）针，织7行桂花针。

减针行正面，1针下针，左上2针并1针，织桂花针，一直到最后3针，Ssk，1针下针。共（28，30，32，34）针。

再重复上面8行的动作（2，2，3，3）次。剩下（24，26，26，28）针。

继续不加针不减针织桂花针，一直到袖片长（12.5，14，15，16.5）cm，以反面行结束。织5行下针。收针。

衣身片：

（91，99，107，115）针。

下一行反面，4针下针，接下来织桂花针，一直到最后4针织下针。

继续织花样，保持前片衣襟，另外每12行织扣眼，共（7，8，8，9）个扣眼，以反面行结束。织5行下针。

收针。缝合袖片，缝合扣眼。

帽子：

起织（6，7）针。

第1行：反面，织下针。

第2行：1针下针，（绕线加1针，1针下针），括号内动作重复多次。共（11，13）针。

第3行：织下针。

第4行：重复第2行。共（21，25）针。

第5行：1针下针，（3针上针，1针下针），括号内动作重复多次。

开始织星形花样：

第1行：织星形花

样的第1行×（5，6）次，1针上针。共（31，37）针。

第2行：1针下针，织星形花样的下一行×（5，6）次。

第3行：织星形花样的下一行×（5，6）次，1针上针。

重复上面2行的动作，一直到共（61，73）针。

从正面行开始，接下来织（2.5，5）cm长的桂花针。织5行下针。

反面行收针。缝合。

星形花样

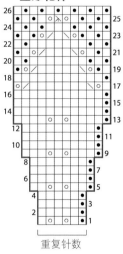

重复针数

作品 24

儿童年龄	合适的胸围尺寸	最终完成的尺寸
6 个月	43cm	52cm
12 个月	45.5cm	53.5cm
18 个月	48cm	56cm
24 个月	53.5cm	58.5cm

[编织密度]18针×24行=10cm²

[工 具]4.5mm棒针，5.0mm棒针，4个记号扣，
3个大别针

[材 料]杏色棉线（150g，180g，250g，280g），绿色、
白色、褐色棉线各（50g，50g，50g，50g）

[编织要点]

套衫从上往下一片编织，育克行织，然后领口下面连接
成圈。衣身片和袖片都圈织。

绿色棉线，5.0mm棒针，起织（30，36，36，42）
针，不要连接，行织。按照如下方式处理：

第1行：正面，2针下针，加1针，记号扣标记，1针下
针，记号扣标记，加1针，（4，6，6，8）针下针，
加1针，记号扣标记，1针下针，记号扣标记，加1针，
（14，16，16，18）针下针，加1针，记号扣标记，
1针下针，记号扣标记，加1针，（4，6，6，8）针下
针，加1针，记号扣标记，1针下针，记号扣标记，加1
针，2针下针。共（38，44，44，50）针。

第2行：织上针。

第3行：（织下针到下一个标记处，加1针，滑记号扣，
1针下针，滑记号扣，加1针）×4次，接下来织下
针，一直到行尾。

第4行：织上针。再重复第3行和第4行的动作2次，共
（62，68，68，74）针。

下一行：反面，织上针。

开始圈织：

第1圈：褐色棉线，起织（10，12，12，14）针，织
（5，6，6，7）针下针，记号扣标记为这圈起始位

置，（织下针，一直到标记处，加1针，滑记号扣，
针下针，滑记号扣，加1针）×4次，接下来织下针到
这行结束。共（80，88，88，96）针。

第2圈：织下针。

第3圈：（织下针，一直到标记处，加1针，滑记号
扣，1针下针，滑记号扣，加1针）×4次，接下来织
下针到这行结束。再重复第2圈和第3圈的动作（8，
8，9，9）次，共（152，160，168，176）针。

接下来不加针不减针织（1，3，4，7）圈下针。

分片（衣身片和袖片）：

第1圈：杏色棉线，织（22，23，24，25）针下针，
将接下来的（32，34，36，38）针滑到大别针上
为左袖，起织2针，（44，46，48，50）针下针为
片，将接下来的（32，34，36，38）针滑到大别针
上作为右袖，起织2针，（22，23，24，25）针下
针。衣身片共（92，96，100，104）针。

接下来圈织下针，一直到距离分片处（16.5，19，
20.5，21.5）cm。

换成4.5mm棒针：

下一圈：（1针下针，1针上针），括号内动作重复多次。
再重复上面1圈的单罗纹花样5次，收针。

袖片：5.0mm棒针，（32，34，36，38）针，挑
腋下2针，连接成圈，圈织下针。每（9，10，11，
12）圈两端各减1针，减4次，共（26，28，30，32）
针。继续不加针不减针圈织下针，一直到距离分片处
（18，19，20.5，23）cm。换成4.5mm棒针，织4
的单罗纹花样。收针。注意两边袖子毛线颜色变换。

领口：绿色棉线，4.5mm棒针，从左后肩缝开始围
领子开口挑织（52，54，54，60）针下针，连接
圈，第1针用记号扣标记。

下一圈：（1针下针，1针上针），括号内动作重复
次。再重复上面1圈的动作5次。收针。

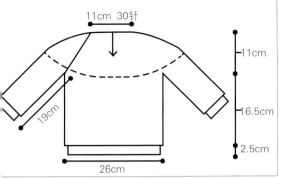

11cm 30针

11cm

19cm

16.5cm

2.5cm

26cm

儿童年龄	合适的胸围尺寸	最终完成的尺寸
4 岁	58.5cm	66cm
6 岁	63.5cm	72.5cm
8 岁	67.5cm	77.5cm
10 岁	71cm	82.5cm
12 岁	76cm	89cm

针对 8 岁、10 岁、12 岁儿童的尺寸：

第3圈：织下针。

第4圈：[（19，20，29）针下针，加1针]，中括号内动作重复多次，一直到最后（2，9，0）针。织下针。共（102，114，120）针。

针对所有尺寸：按照花样1一直织到结束。

花样1从右往左看，注意每6针重复1次，重复（15，15，17，19，20）次。共（240，240，272，304，320）针。

只针对 4 岁和 10 岁儿童的尺寸：

主色线，不加针不减针织（2，10）圈下针。

只针对6岁、8岁和12岁儿童的尺寸：

下一圈：红色棉线，[（20，68，80）针下针，加1针]，中括号内动作重复多次。共（252，276，324）针。

不加针不减针织（4，6，10）行下针。

下一圈：红色棉线，[（21，69，81）针下针，加1针]，中括号内动作重复多次。共（264，280，328）针。

针对所有尺寸：分成衣身片和袖片。

滑最开始的（52，58，62，68，74）针为右袖，起织（4，4，6，6，6）针，（68，74，78，84，90）针为前片，滑（52，58，62，68，74）针为左袖，起织（4，4，6，6，6）针，（68，74，78，84，90）针为后片。连接成圈。第1针用记号扣标记。衣身片共（144，156，168，180，192）针。

衣身片：

红色棉线，圈织下针，一直到离分片位置（16.5，19，20.5，23，26.5）cm长。

针对6岁和10岁的尺寸：

[（39，45）针下针，加1针]，中括号内动作重复多次。共（160，184）针。

针对所有尺寸：按照花样2一直织到结束。

作品 25

[编织密度]22针×28行=10cm²

[工具]3.5mm棒针，4.0mm棒针，4个记号扣

[材料]红色棉线（150g，200g，200g，250g，?50g），黑色棉线（100g，100g，150g，150g，?50g），白色棉线（50g，100g，100g，100g，100g）

[编织要点]

从上往下织，育克领口：

黑色棉线，3.5mm棒针，起织（84，84，92，104，?12）针，连接成圈，第1针用记号扣标记。圈织。

第1圈：（2针下针，2针上针），括号内动作重复多次。

重复上面的双罗纹花样5cm长，黑色棉线断线。

换成4.0mm棒针。

第1圈：红色棉线，织下针。

第2圈：[（14，14，18，20，28）针下针，加1针]，中括号内动作重复多次，一直到最后（0，0，2，4，?）针。织下针。共（90，90，97，109，116）针。

63

花样2从右往左看，注意每8针重复1次，重复（18，20，21，23，24）次。红色棉线和白色棉线断线。

换成3.5mm棒针，黑色棉线织2圈下针。 接下来按照和领口一样的方式织双罗纹5cm长。 收针。

袖片：

连接红色棉线到右袖上，换成4.0mm棒针。共（52，58，62，68，74）针。

挑织（4，4，6，6，6）针，连接成圈，进行圈织。挑织的第（2，2，3，3，3）针后面用记号扣标记。 共（56，62，68，74，80）针。

不加针不减针织（16，12，12，6，6）圈下针。

下一圈在记号扣标记的两边各减1针，接下来每

6圈在记号扣标记的两边各减1针，一直到（50，54，60，62，66）针，接下来每4圈在记号扣标记的两边各减1针，一直到（44，44，48，48，48）针。

接下来不加针不减针织下针，一直到距离分片位置（18，20.5，23，25.5，29）cm长。

按照花样3一直织到结束。

花样2从右往左看，注意每2针重复1次，重复（22，22，24，24，24）次。红色棉线和白色棉线断线。

换成3.5mm棒针，黑色棉线织2圈下针。

接下来按照和领口一样的方式织双罗纹5cm长。收针。

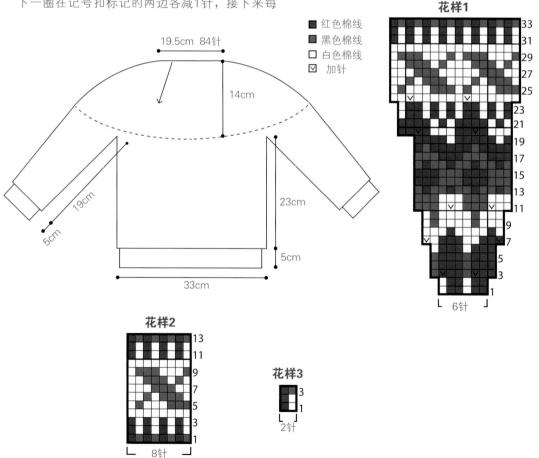

花样1

■ 红色棉线
■ 黑色棉线
□ 白色棉线
☑ 加针

19.5cm 84针
14cm
19cm
5cm
23cm
5cm
33cm

6针

花样2
8针

花样3
2针

编织宝宝冬日穿戴详解

作品 1

[编织密度]22针×30行=10cm²

[工　具]3.5mm棒针，4.0mm棒针

[材　料]蓝色棉线（150g，300g，300g，300g），白色棉线（50g，50g，50g，50g），青色棉线少许

[编织要点]

起织160针，第1针用记号扣标记，连接成圈。圈织。

第1圈：织下针。

第2圈：织上针。

重复上面2圈，一直到距离开始长度5cm，以第2圈结束。

接下来圈织下针，一直到距离开始长度10cm。

开始育克减针：

第1圈：（18针下针，左上2针并1针），括号内动作重复多次。共152针。

不加针不减针织3圈下针。

下一圈：（17针下针，左上2针并1针），括号内动作重复

复多次。共144针。

不加针不减针织3圈下针。

下一圈：（16针下针，左上2针并1针），括号内动作重复多次。共136针。

不加针不减针织3圈下针。

下一圈：（15针下针，左上2针并1针），括号内动作重复多次。共128针。

不加针不减针织3圈下针。

继续按照上面的方式织，一直减到64针。

接下来领口分片：开始行织。

第1行：14针下针，左上2针并1针，掉头。共63针。

第2行：织上针，一直到最后2针，从针目后方穿入棒针上针的左上2针并1针。共62针。

第3行：右下2针并1针，接下来织下针一直到最后2针，左上2针并1针，共60针。

第4行：上针的左上2针并1针，接下来织上针一直到最后2针，从针目后方穿入棒针上针的左上2针并1针，共58针。

再重复最后2行的动作5次。共38针。

从右前领口开口挑织11针上针。

帽子：

第1行：挑织的11针织下针，38针下针，从左前领口开口挑织11针下针。共60针。

第2行和偶数行：织上针。

第3行：29针下针，（下针1针变2针）×2次，接下来织下针，一直到行尾。共62针。

第5行：30针下针，（下针1针变2针）×2次，接下来织下针，一直到行尾。共64针。

第7行：31针下针，（下针1针变2针）×2次，接下来织下针，一直到行尾。共66针。

第9行：32针下针，（下针1针变2针）×2次，接下来织下针，一直到行尾。共68针。

接下来不加针不减针，一直到距离挑针位置18cm长。收针。

缝合帽子边缝。

作品 2

儿童年龄	合适的胸围尺寸	最终完成的尺寸
6 个月	43cm	48cm
12 个月	45.5cm	51cm
18 个月	48cm	56cm
2 岁	53.5cm	58.5cm
4 岁	58.5cm	66cm

[编织密度]12针×16行=10cm²

[工　具]6.5mm棒针，8.0mm棒针，别针

[材　料]浅灰色棉线（300g，300g，300g，400g，400g）

[编织要点]

衣身片：一片编织到袖窿，袖子圈织到袖窿，然后衣身和袖子一片编织。

6.5mm棒针，起织（69，73，77，81，89）针，不要连接，片织。

第1行：正面，2针下针，（1针上针，1针下针），括号内动作重复多次，最后1针织下针。

第2行：1针下针，（1针上针，1针下针），括号内的动作重复多次。

重复上面2行的动作一直到4cm长，以反面行结束。

接下来的2行，织单罗纹针到最后7针，留下7针。

第2行结束共（55，59，63，67，75）针。换成8.0mm棒针，接下来正面织下针，反面织上针。织到（19，20.5，21.5，24，26.5）cm长，在反面行结束。

分成前身片和后身片：

（15，16，17，18，20）针下针，同时将最后4针滑到别针上，（29，31，33，35，39）针下针，同时将最后4针滑到别针上，（11，12，13，14，16）针下针。

针目现在分成了3部分，右前片和左前片各（11，12，13，14，16）针，后身片（25，27，29，31，35）针。

袖子：6.5mm棒针，起织（18，18，20，22，24针。分到3根针上，第1根和第2根上面分（6，6，7，7，8）针，第3根分（6，6，6，8，8）针，圈织。第针上面用记号扣标记。

第1圈：（1针下针，1针上针），括号内动作重复多次，一直织上面的单罗纹花样到4cm长。

换成8.0mm棒针，圈织。

第3圈两端各加1针，接下来每（6，6，6，8，8）圈加1针，一直到（22，24，26，28，30）针。

继续编织到长度（16.5，19，20.5，21.5，24）cm。

下一圈：2针下针（将这2针滑到别针上），接下来织针，一直到最后2针，将最后2针滑到别针上。棒针剩下（18，20，22，24，26）针。

育克：

第1行：反面，8.0mm棒针，左前片织（11，12，13，14，16）针上针，做标记，左袖织（18，20，22，24，26）针，做标记，后片织（25，27，29，31，35）针下针，右袖织（18，20，22，24，26）针，做标记，右前片织（11，12，13，14，16）针上针。（83，91，99，107，119）针。

V领：

第1行：正面，右上2针并1针，（接下来织下针，一到标记前2针，左上2针并1针，将记号扣滑到右针上右上2针并1针）×3次，接下来织下针，一直到标记2针，左上2针并1针。

第2~4行：反面行织上针，正面行织下针。

重复上面4行的动作（0，1，2，3，3）次。共（73，71，69，67，79）针。

针对6个月、12个月、18个月宝宝的尺寸：

第1行：正面，右上2针并1针，（接下来织下针，一直到标记前2针，左上2针并1针，将记号扣滑到右针上，右上2针并1针）×3次，接下来织下针，一直到标记前2针，左上2针并1针。

第2行：织上针。

第3行：（织下针，一直到标记前2针，左上2针并1针，将记号扣滑到右针上，右上2针并1针）×3次，接下来都织下针。

第4行：织上针。

重复上面4行的动作（1，1，0）次，共（37，35，51）针。

针对18个月、2岁、4岁宝宝的尺寸：

第1行：正面，右上2针并1针，（接下来织下针，一直到标记前2针，左上2针并1针，将记号扣滑到右针上，右上2针并1针）×3次，接下来织下针，一直到标记前2针，左上2针并1针。

第2行：织上针。

重复上面2行的动作（0，1，2）次，共（41，47，49）针。

针对所有尺寸：

第1行：正面，（织下针，一直到标记前2针，左上2针并1针，将记号扣滑到右针上，右上2针并1针）×3次，接下来织下针。共（29，27，33，39，41）针。

第2行：织上针。收针。

衣领和衣襟：

将扣眼位置用5个记号扣标记，最上面的扣眼在V领起始位置，每个扣眼间相隔2.5cm。

带扣眼衣襟的处理方法：

第1行：正面，3针单罗纹针，收2针，接下来织单罗纹针。

第2行：织单罗纹针，上面收针位置加2针。

右前衣襟：

6.5mm棒针，起1针，留下长的一段用于将领子缝合到右前片上。反面，在右前别针上挑织7针。共8针。

第1行：正面，2针下针，（1针上针，1针下针）×3次。

第2行：（1针上针，1针下针）

×4次。

重复上面2行的动作，一直到合适的长度。

衣领：

第1行：正面，下针1针变2针，接下来织单罗纹，一直到最后2针，下针1针变2针，1针下针。

第2~4行：织单罗纹，将增加的针目织进单罗纹里。

重复上面4行的动作（6，6，7，8，9）次，共（22，22，24，26，28）针。最后1行做标记。

继续不加针不减针织单罗纹，直到离标记位置（5，5.5，6，7，7）cm长，以反面行结束。收针。

左前衣襟：

6.5mm棒针，起织1针，留下长的一段用于将领子缝合到左前片上。正面，在左前别针上挑织7针单罗纹针。共8针。

第1行：反面，（1针上针，1针下针）×4次。

第2行：（1针下针，1针上针）×3次，2针下针。

重复上面2行的动作，一直到合适的长度。

衣领和右边衣领织法相同。缝合。

缝合方法

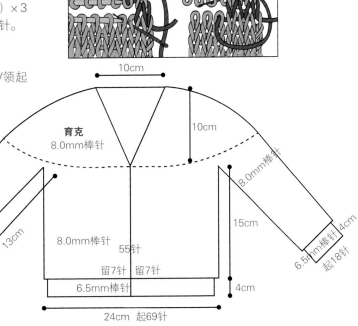

育克
8.0mm棒针

8.0mm棒针
55针

留7针　留7针

8.0mm棒针

10cm

10cm

13cm

3.5cm

15cm

8.0mm棒针

6.5mm棒针
起18针

4cm

6.5mm棒针

4cm

24cm　起69针

作品 3

儿童年龄	合适的胸围尺寸	最终完成的尺寸
2 岁	53.5cm	61cm
4 岁	58.5cm	66cm
6 岁	63.5cm	71cm
8 岁	67.5cm	76cm

[编织密度] 4.0mm棒针织全下针：22针×28行=10cm²
3.75mm棒针织双罗纹：24针×26行=10cm²

[工　　具] 3.75mm棒针，4.0mm棒针

[材　　料] 蓝色棉线（100g，150g，150g，200g），白色棉线，橘色棉线，深褐色棉线，棕色棉线

[编织要点]

正身片一片圈织到袖窿，然后分成前身片和后身片进行编织。用蓝色棉线，3.75mm棒针，起织（136，148，156，168）针，圈织，第1针上做标记。

第1圈：（2针下针，2针上针），括号内动作重复多次。

下摆织双罗纹花样，高度（5，5，6，6）cm，最后1圈均匀加（8，8，12，12）针，一共（144，156，168，180）针。换成4.0mm棒针，按照花样1，看花样3，注意6针一组花样，一共（24，26，28，30）组花样，按照花样3直到第8行织完，注意因为圈织花样，要重复2次。

分袖窿：

下一行：换棕色棉线，收3针，按照花样3继续织（66，72，78，84）针，收6针，按照花样3继续织（66，72，78，84）针，收掉最后3针。

分成前身片和后身片进行编织。先编织后身片，继续按照花样3编织。

下一行：反面，织上针。

下一行：1针下针，右上2针并1针，按照花样一直织到最后3针，右上2针并1针，1针下针，再重复最后2行（3，3，4，4）次，共（58，64，68，74）针。继续按照花样编织，直到第（44，48，50，54）行，完成。

肩：

继续按照花样编织，接下来2行最开始收（6，7，8，9）针，然后2行最开始收（7，8，9，10）针，最后留下（32，34，34，36）针，形成领窝。

前身片：织（66，72，78，84）针。

继续按照花样3编织。

下一行：反面，织上针。

下一行：1针下针，右上2针并1针，按照花样一直织到最后3针，右上2针并1针，1针下针，再重复最后2行次，共（62，68，74，80）针。

下1行：织上针。

领口：

下一行：正面，1针下针，右上2针并1针，按照花样织（26，29，32，35）针，右上2针并1针（领口边缘），掉头。剩下的针目移到另外一根棒针上。

下一行：左上2针并1针，按照花样织到最后。

下一行：1针下针，右上2针并1针，按照花样一直织到最后2针，右上2针并1针。共（26，29，32，35）针。

针对6岁和8岁儿童的尺寸：再重复最后2行一次，（29，32）针。

下一行：织上针。

针对2岁和4岁儿童的尺寸：下一行，左上2针并1针，按照花样织到最后。共（25，28）针。

针对所有尺寸：

下一行：正面，按照花样织到最后2针，右上2针并1针。

下一行：织上针。

再重复最后2行（11，12，11，12）次，共（13，15

7，19）针。

继续按照花样编织，一直到（44，48，50，54）行。
结束。

肩：继续按照花样编织，接下来1行最开始收（6，7，
，9）针，接下来1行结尾收（7，8，9，10）针。

正面，右上2针并1针，继续按照花样织到剩下3针，右
2针并1针，1针下针。

下一行：继续按照花样织到最后2针，左上2针并1
针。

下一行：右上2针并1针，继续按照花样织到最后3针，
上2针并1针，1针下针。共（26，29，32，35）针。

对6岁和8岁儿童的尺寸：重复最后2行1次，（29，
，2）针。

下一行：织上针。

针对2岁和4岁儿童的尺寸：下一行，按照花样织到最
后2针，左上2针并1针共（25，28）针。

所有尺寸：
下一行：正面，右上2针并1针，接下来按照花样编织
到最后。

下一行：织上针。

重复上面2行（11，12，11，12）次，共（13，15，
7，19）针。

继续编织，一直到第（45，49，51，55）行，完成。

肩：继续按照花样编织，下一行开始收（6，7，8，
）针，接下来1行结尾收（7，8，9，10）针。

结束：缝合右肩。

字领襟：正面，用蓝色棉线，3.75mm的棒针。

从左前领边缘开始挑织（34，38，38，42）针正中间
的1针（中心针）做上标记并加1针，从右前领边缘开
始挑织（34，38，38，42）针，从后领窝织（32，
4，34，36）针时均匀加（0，2，2，0）针。共
，101，113，113，121）针。

要连接，进行环织。按照如下方式编织。

1行：反面，（2针上针，2针下针），括号内的动
重复（15，17，17，18）次，左上2针并1针，1针
针，左上2针并1针，（2针下针，2针上
），括号内的动作重复多次。

2行：（2针下针，2针上针），括号内的动作重复
多次，一直到中心针前面3针，1针下针，左上2针并1
针，1针下针，左上2针并1针，（2针上
，2针上针），括号内的动作重复多次。

第3行：反面，（2针上针，2针
下针），括号内的动作重复多
次，一直到中心针前面2针，右
上2针并1针，1针下针（中心
针），右上2针并1针，（2针下
针，2针上针），括号内的动作
重复多次。

再次重复第2行和第3行的动作2
次。收针。

肩襟：

正面，用蓝色棉线，3.75mm
的棒针，绕着袖窿挑织（80，
84，92，96）针，圈织，第1针
做标记。

第1圈：（2针下针，2针上
针），括号内的动作重复多
次。

第2~7圈：重复上面的动作6
次。收针。

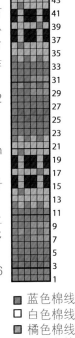

花样1

43 41 39 37 35 33 31 29 27 25 23 21 19 17 15 13 11 9 7 5 3 1

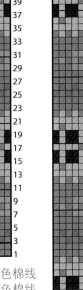

花样2

55 53 51 49 47 45 43 41 39 37 35 33 31 29 27 25 23 21 19 17 15 13 11 9 7 5 3 1

■ 蓝色棉线
□ 白色棉线
■ 橘色棉线
■ 深褐色棉线
■ 棕色棉线

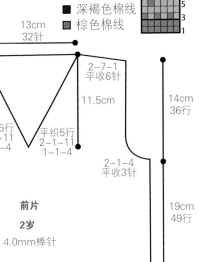

5cm 13针　13cm 32针

2-7-1 平收6针　　2-7-1 平收6针

11.5cm

14cm 36行

平织5行 2-1-11 1-1-4　　平织5行 2-1-11 1-1-4

2-1-4 平收3针　　2-1-4 平收3针

38cm

19cm 49行

前片
2岁
4.0mm棒针

加8针，144针

3.75mm棒针

5cm 16行

30.5cm　起136针

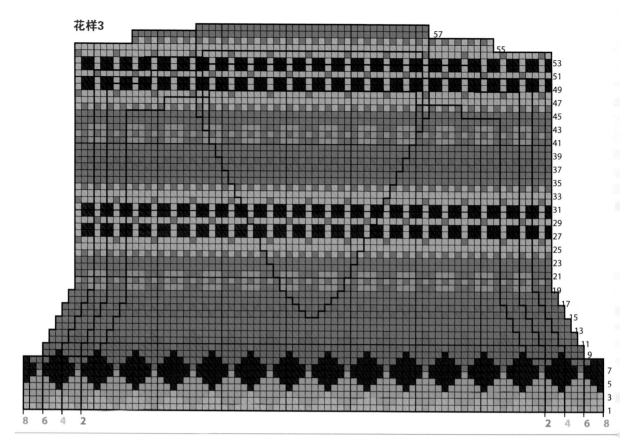

花样3

57
55
53
51
49
47
45
43
41
39
37
35
33
31
29
27
25
23
21
19
17
15
13
11
9
7
5
3
1

8 6 4 2　　　　　　　　2 4 6 8

作品 4

儿童年龄	合适的胸围尺寸	最终完成的尺寸
6 个月	43cm	48cm
12 个月	45.5cm	51cm
18 个月	48cm	53.5cm
2 岁	53.5cm	58.5cm
4 岁	58.5cm	63.5cm

[编织密度]4.5mm棒针织全下针：19针×36行=10cm²
　　　　　麻花花样1（21针）、麻花花样2（21
　　　　　针）、麻花花样3（30针）

[工　　具]4.0mm棒针、4.5mm棒针

[材　　料]米色或蓝色棉线（100g，150g，150g，
　　　　　200g，250g），5颗纽扣

[编织要点]

正身片编织：整片一直编织到袖窿。

用4.0mm棒针，起织（98，102，110，122，134）针，不要连接，进行行织。

第1行：正面，2针下针，（2针上针，2针下针），括号内的动作重复多次。

第2行：2针上针，（2针下针，2针上针），括号内的动作重复多次。

重复上面2行的动作多次，一直到 cm长，结束在第2行的动作。最后1行均匀加（6，8，10，8，8）针，共（104，110，120，130，142）针。

换成4.5mm的棒针。

第1行：正面，先织麻花花样1，织（16，19，24，29，35）针下针，麻花花样3，织（16，19，24，29，35）针下针，麻花花样2。

第2行：织麻花花样2，织（16，19，24，29，35）针下针，麻花花样3，织（16，19，24，29，35）针下针，麻花花样1。

按照上面的方式织，一直到19（20.5，21.5，24，26.5）cm长，在反面行结束。

接下来分成前片和后片编织：

花样3织（25，26，29，31，34）针，收4针，花样3织（46，50，54，60，66）针，收4针，花样3织（25，26，29，31，34）针。

这样针数分成了（25，26，29，31，34）针作为右前片和左前片，（46，50，54，60，66）针作为后片。

左前片：继续编织花样，直到袖窿（6，7.5，9，9.5，10）cm，在正面行结束。

领口：第1行反面，收（8，9，11，11，12）针，然后按照花样织到这行结尾。

接下来1、1、3、2、1、3，减针位置在领口边缘。共（11，11，12，14，16）针。

继续按照花样编织，直到袖窿（11.5，12.5，14，14.5，15）cm，在反面行结束。

肩：接下来1行收（6，6，6，7，8）针，不加针不减针织1行，收掉最后（5，5，6，7，8）针。

后片：反面，织（46，50，54，60，66）针，按照花样不加针不减针编织到袖窿长度（11.5，12.5，14，14.5，15）cm，在反面行结束。

肩：接下来2行最开始各收（6，6，6，7，8）针，接下来2行最开始各收（5，5，6，7，8）针，接下来收掉最后（24，28，30，32，34）针。

右前片：继续编织花样（25，26，29、31，34）针，直到袖窿（6，7.5，9，9.5，10）cm，在反面行结束。

领口：第1行正面，收（8，9，11，11，12）针，然后按照花样织到这行结尾。

不加针不减针织1行，接下来的3行在领口边缘减1针，每隔一行减1针，重复3次，剩下（11，11，12，14，16）针。

继续按照花样编织，直到袖窿（11.5，12.5，14，14.5，15）cm，在正面行结束。

肩：接下来1行收（6，6，6，7，8）针，不加针不减针织1行，收掉最后（5，5，6，7，8）针。

袖片：用4.0mm的棒针，起织（26，29，31，33，35）针，不要连接，行织。

不加针织4行（正面织下针，反面织上针）。

换成4.5mm棒针，织平面针（正面、反面都织下针），第3行结束加1针，每隔（8，6，6，6）行加1针，一直加到（40，45，49，53，55）

针。继续编织，一直到（16.5，19，20.5，21.5，24）cm长。再织6行下针，收针。

帽子：麻花花样（22针，4.5mm棒针）。

第1行：正面，麻花花样1，1针下针（外边缘）。

第2行：1针下针，麻花花样1。按照上面的方式织，一直到（45.5，45.5，48，51，54.5）cm长，在反面行结束。收针。

正面，沿着麻花花样内边缘均匀挑织88针。织平面针（正面、反面行都织下针），接下来1行两端各减1针，然后每2行减2针减7次（减针位置在两端），最后剩下（72，72，76，81，86）针。

继续编织平面针，一直到长度（5.5，7，7，8.5，9）cm长，在反面行结束。

帽背：接下来10行最开始各收5针，剩下（22，22，26，31，36）针。

结束：缝合肩部。

将帽子中间折叠，缝合帽背。沿着领口边缘缝合帽子，将帽背和后领口正中间对齐。

帽前檐襟：用5个记号扣标记扣眼位置。

最上面1个扣眼在领口开始位置，最下面1个扣眼在2.5mm位置。中间3颗纽扣均匀放在中间位置。

正面，4.0mm棒针。

右前片挑织（49，55，59，66，74）针，帽子挑织（88，88，92，98，102）针，左前片挑织（49，55，59，66，74）针，共（186，198，210，230，250）针。

第1行：反面，织下针。

第2~7行：织双罗纹针。

其中织第4行在扣眼位置收2针，收5次。第5行在上面收针位置加2针。

花样绣法

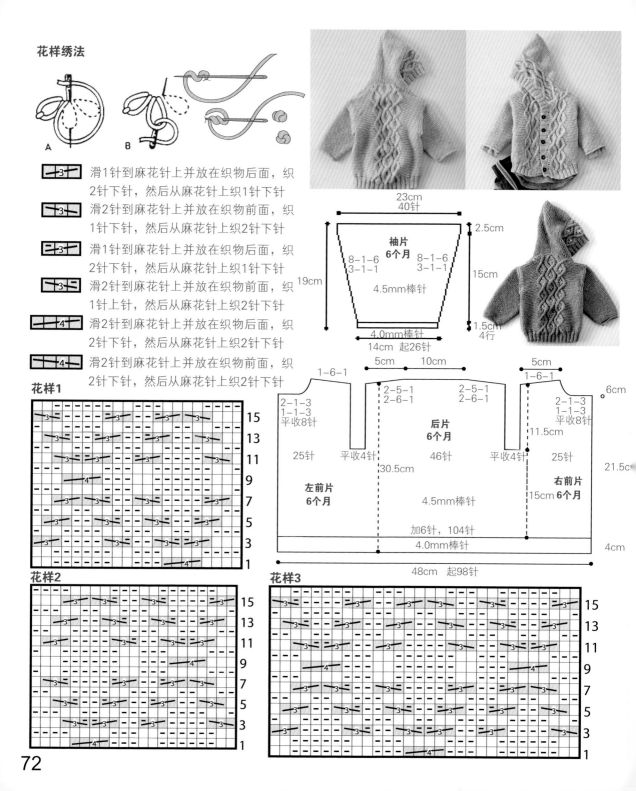

A　B

	滑1针到麻花针上并放在织物后面，织2针下针，然后从麻花针上织1针下针
	滑2针到麻花针上并放在织物前面，织1针下针，然后从麻花针上织2针下针
	滑1针到麻花针上并放在织物后面，织2针下针，然后从麻花针上织1针下针
	滑2针到麻花针上并放在织物前面，织1针上针，然后从麻花针上织2针下针
	滑2针到麻花针上并放在织物后面，织2针下针，然后从麻花针上织2针下针
	滑2针到麻花针上并放在织物前面，织2针下针，然后从麻花针上织2针下针

袖片 6个月

23cm
40针

2.5cm

8-1-6　8-1-6
3-1-1　3-1-1

4.5mm棒针

15cm

19cm

4.0mm棒针
14cm 起26针

1.5cm
4行

后片 6个月 / 左前片 右前片

5cm　10cm　　　5cm

1-6-1　　　　　　　　　　　　　1-6-1

2-5-1　　　2-5-1
2-6-1　　　2-6-1

2-1-3　　　　　　　　　　　　　2-1-3
1-1-3　　　　　　　　　　　　　1-1-3
平收8针　　　　　　　　　　　　平收8针

6cm

25针　　平收4针　　46针　　平收4针　　25针

11.5cm

30.5cm

21.5cm

左前片 6个月　　　后片 6个月　　　右前片 15cm 6个月

4.5mm棒针

加6针，104针

4.0mm棒针

4cm

48cm 起98针

花样1

15
13
11
9
7
5
3
1

花样2

15
13
11
9
7
5
3
1

花样3

15
13
11
9
7
5
3
1

72

作品 5

儿童年龄	合适的胸围尺寸	最终完成的尺寸
2 岁	53.5cm	66cm
4 岁	58.5cm	71cm
6 岁	63.5cm	76cm

[编织密度]20针×30行=10cm²

[工　具]5.0mm棒针，记号扣

[材　　料]深褐色棉线（300g、350g、400g），5颗纽扣

[编织要点]

后片：起织（55、61、65）针，织9行（正面，反面都织下针），最后1行均匀加10针。共（65、71、75）针。

花样1织法：

第1行：正面，织下针。

第2行：1针下针，（从针目后方穿入棒针织上针，1针下针）括号内的动作重复多次。

重复上面2行的动作形成花样。一直到（37、40.5、44.5）cm长，以反面行结束。收针。

左前片：起织（30、32、34）针，织9行下针，最后1行均匀加5针。共（35、37、39）针。

第1行：正面，织1针下针。

第2行：5针下针，（从针目后方穿入棒针织上针，1针下针）括号内的动作重复多次。

重复上面2行的动作到（28、30.5、34.5）cm，以反面行结束。最后1行领边缘的针目用记号扣标记。

第1行：正面，织下针。

第2行：织23针下针，（从针目后方穿入棒针织上针，1针下针），重复（6、7、8）次。

重复上面2行的动作，一直到离记号扣标记位置4cm长。以正面行结束。

左前片领：

第1行：反面，收18针，织花样，一直到行尾。共（17、19、21）针。

第2行：织下针。

第3行：5针下针，（从针目后方穿入棒针织上针，1针下针），重复（6、7、8）次。

重复上面2行的动作，一直到总长度和后片一样，以反面行结束。收针。5颗扣子位置用记号扣标记。最上面的1颗在领口下方2cm处，最下面的1颗在起针位置上方2cm处，中间3颗均匀分布。

右前片：注意扣眼和左前片扣子标记的位置对应，按照以下方式处理。

第1行：正面，2针下针，收2针，织下针，一直到行尾。

第2行：按照花样织到最后4针，1针下针，收针位置起织2针，2针下针。

起织（30、32、34）针，织9行（扣眼位置按照上面的方式处理），共（35、37、39）针。

第1行：正面，织下针。

第2行：（1针下针，从针目后方穿入棒针织上针），括号内的动作重复多次。一直到最后5针，织5针下针。

重复上面2行的动作到（28、30.5、34.5）cm，以反面行结束。最后1行领边缘的针目用记号扣标记。

第1行：正面，织下针。

第2行：（1针下针，从针目后方穿入棒针织上针），重复（6、7、8）次，织23针下针。

重复上面2行的动作，一直到离记号扣标记位置4cm长。以反面行结束。

右前片领：

第1行：正面，收18针，织下针，一直到行尾。共（17、19、21）针。

第2行：（1针下针，从针目后方穿入棒针织上针）（6、7、8）次，5针下针。

第3行：织下针。

重复上面2行的动作，一直到总长度和后片一样，以反面行结束。收针。

袖片：起织（38、40、42）针，织9行下针（注意第1行反面编织），最后1行均匀加3针。共（41、43、45）针。

第1行：正面，织下针。

第2行：1针下针，（从针目后方穿入棒针织上针，1针下针）括号内动作重复多次到行尾。

接下来重复上面2行的动作织花样，下一行两端各加1针，接下来每6行两端各加1针，一直到（55、61、65）针。

接下来不加针不减针织花样，一直到总长度为（25.5、28、33）cm，以反面行结束。收针。缝合。

73

作品6

儿童年龄	合适的胸围尺寸	最终完成的尺寸
4 岁	58.5cm	66cm
6 岁	63.5cm	71cm
8 岁	67.5cm	76cm
10 岁	71cm	81.5cm
12 岁	76cm	86.5cm

[编织密度]22针×28行=10cm²

[工　　具]3.5mm棒针，4.0mm棒针，3.5mm环形针，大别针

[材　　料]橙色羊毛线（350g，350g，400g，450g，500g）

[编织要点]

后身片：

3.5mm棒针，起织（78，82，86，90，94）针。

第1行：正面，（2针下针，2针上针），括号内动作重复多次。最后2针织下针。

第2行：（2针上针，2针下针），括号内动作重复多次。最后2针织上针。

重复上面2行的双罗纹花样，一直到5cm长，以第1行结束。

下一行：反面，织单罗纹。（先织3针，加1针），括号内的动作重复多次，一直到剩下（15，7，11，3，7）针，接下来不加针不减针织到行尾。共（99，107，111，119，123）针。

换成4.0mm棒针，按照如下方式处理花样:

第1行：正面，2针上针，（从针目后方穿入棒针织下针，1针上针）×（4，6，7，9，10）次，从针目后方穿入棒针织下针，接下来织花样2的第1行24针，（从针目后方穿入棒针织下针，1针上针）× 4次，从针目后方穿入棒针织下针，接下来织花样1的第1行11针，（从针目后方穿入棒针织下针，1针上针）× 4次，从针目后方穿入棒针织下针，接下来织花样2的第1行24针，（从针目后方穿入棒针织下针，1针上针）×（5，7，8，10，11）次，1针上针。

第2行：（10，14，16，20，22）针下针，从针目后方穿入棒针织上针，接下来织花样2的第2行24针，从针目后方穿入棒针织上针，接下来织花样1的第2行11针，从针目后

方穿入棒针织上针，7针下针，从针目后方穿入棒针织上针，接下来织花样2的第2行24针，从针目后方穿入棒针织上针，（10，14，16，20，22）针下针。

上面2行形成一个花形。花样1和花样2在对应位置。

继续按照花形编织，一直到（26，29，30.5，32，34.5）cm长。以反面行结束。

袖窿：继续按照花形编织，接下来2行最开始各收（5，6，6，7，8）针，共（89，95，99，105，107）针。

接下来1行两端各减1针，接下来每2行两端各减1针（3，4，4，6，6）次，共（81，85，89，91，93）针。

继续不加针不减针织到袖窿长度（13，14，15，16.5，18.5）cm，以反面行结束。

肩部：继续按照花形编织，接下来4行最开始各收（10，10，11，11，11）针。共（41，43，45，47，49）针放在大别针上面。

左前片：

3.5mm棒针，起织（39，43，47，47，51）针。

第1行：正面，（2针下针，2针上针），括号内动作重复多次。最后3针织下针。

第2行：1针下针，（2针上针，2针下针），括号内动作重复多次。最后2针织上针。

重复上面2行的双罗纹花样，一直到5cm长，以第1行结束。

下一行：反面，织单罗纹。[先织（3，3，4，3，4）针，加1针]，中括号内的动作重复多次，一直到剩下（6，10，11，8，7）针，接下来不加针不减针织到行尾。共（50，54，56，60，62）针。

换成4.0mm棒针，按照如下方式处理花样:

第1行：正面，2针上针，（从针目后方穿入棒针织下针，1针上针）×（4，6，7，9，10）次，从针目后方穿入棒针织下针，接下来织花样2的第1行24针，

针目后方穿入棒针织下针，接下来
花样1的第1行11针，从针目后方
入棒针织下针，2针上针。
2行：2针下针，从针目后方穿入
棒针织上针，接下来织花样1的第
行11针，从针目后方穿入棒针织
针，接下来织花样2的第2行24针，
从针目后方穿入棒针织上针，（
10，14，16，20，22）针下针。
面2行形成一个花形。花样1和花
2在对应位置。
续按照花形编织，一直到（26，
9，30.5，32，34.5）cm长。以反
行结束。
窿：继续按照花形编织，接下来1
最开始收（5，6，6，7，8）针，
（45，48，50，53，54）针。
下来不加针不减针织1行。
下来的第（7，9，9，13，13）行
边缘减1针，同时下一行在袖窿边
减1针，然后每隔2行在袖窿边缘
1针减（3，4，4，6，6）次。共
32，34，36，33，34）针。
对4、6、8岁儿童的尺寸：接下来
3，3，3）行在前边缘减1针。共
29，31，33）针。
对所有尺寸：
一行在前边缘减1针，然后每隔2
在袖窿边缘减1针，一直到剩下
20，21，22，22，22）针。
下来按照花形编织一直到长度和后
片长度一致。以反面行结束。
部：
续按照花形编织，下一行最开始收
10，10，11，11，11）针。然后
加针不减针织1行，接着将剩下的
10，11，11，11，11）针收针。
前片：
5mm棒针，起织（39，43，47，
7，51）针。
1行：正面，3针下针，（2针上针，
下针），括号内动作重复多次。

第2行：（2针上针，2针下针），括
号内动作重复多次。最后剩下3针织
2针上针，1针下针。
重复上面2行的双罗纹花样，一直到
5cm长，以第1行结束。
下1行：反面，织单罗纹。先织
（6，10，11，8，7）针，[加1针，
再织（3，3，4，3，4）针]，中括
号内的动作重复多次，共（50，
54，56，60，62）针。
换成4.0mm棒针，按照如下方式处
理花样：
第1行：2针上针，从针目后方穿入
棒针织下针，接下来织花样1的第1
行11针，从针目后方穿入棒针织下
针，接下来织花样2的第1行24针，
（从针目后方穿入棒针织下针，1
针上针）×（5，7，8，10，11）
次，1针上针。
第2行：（10，14，16，20，22）
针下针，从针目后方穿入棒针织上
针，接下来织花样2的第2行24针，
从针目后方穿入棒针织上针，接下来
织花样1的第2行11针，从针目后方
穿入棒针织上针，2针下针。
上面2行形成一个花形。花样1和花
样2在对应位置。
继续按照花形编织，一直到（26，
29，30.5，32，34.5）cm长。以反
面行结束。
袖窿：继续按照花形编织，接下来1
行最开始收（5，6，6，7，8）针，
共（45，48，50，53，54）针。
接下来的第（7，9，9，13，13）行
前边缘减1针，同时下一行在袖窿边
缘减1针，然后每隔2行在袖窿边
缘减1针减（3，4，4，6，6）次。共
（34，34，36，33，34）针。
针对4、6、8岁儿童的尺寸：
接下来第（5，3，3）行在前边缘减
1针。共（29，31，33）针。
针对所有尺寸：

下一行在前边缘减1针，然后每隔2
行在袖窿边缘减1针，一直到剩下
（20，21，22，22，22）针。
接下来按照花形编织，一直到长度和
后身片长度一致。以反面行结束。
肩部：继续按照花形编织，下一行
最开始收（10，10，11，11，11）
针。然后不加针不减针织1行，接着
将剩下的（10，11，11，11，11）
针收针。
袖子：3.5mm棒针，起织（38，
42，42，46，46）针和后片双罗纹
花样一样的织法，一直到5cm长，以
第1行结束。
下一行：反面，织单罗纹。[先织（6，
6，6，7，7）针，加1针，中括号内的
动作重复多次，一直到剩下（2，6，
6，4，4）针，不加针不减针织到行
尾。共（44，48，48，52，52）针。
换成4.0mm棒针，按照如下方式处
理花样：
第1行：正面，1针上针，（从针目后方
穿入棒针织下针，1针上针）×（4，
5，5，6，6）次，从针目后方穿入棒针
织下针，接下来织花样2的第1行24针，
（从针目后方穿入棒针织下针，1针上
针）×（4，5，5，6，6）次，从针目
后方穿入棒针织下针，1针上针。
第2行：（9，11，11，13，13）针
下针，从针目后方穿入棒针织上针，
接下来织花样2的第2行24针，从针
目后方穿入棒针织上针，（9，11，
11，13，13）针下针。
上面2行形成一个花形。花样2在对
应位置。
按照花样不加针不减针织4行。
继续按照花样编织，接下来1行两端
各加1针，接下来每（4，6，4，6，
6）行各加1针，一直到（62，68，
56，76，80）针。
针对4岁和8岁儿童的尺寸：
接下来每隔6行两端各加1针，一直

到（66，72）针。

针对所有尺寸：

继续按照花样编织，一直到（28，32，34.5，38，40.5）cm。以反面行结束。

继续按照花样编织，接下来2行最开始各收（5，6，6，7，8）针。共（56，56，60，62，64）针。

接下来1行两端各减1针，接下来每2行两端各减1针减（4，6，7，8，8）次。共（46，42，44，44，46）针。

接下来每行两端各减1针，一直到（16，16，18，18，18）针。收针均匀减4针。

衣襟：

正面，3.5mm的环形针，从右前片挑织（53，57，65，65，73）针，右前片领口挑织（29，31，34，37，41）针，从后片大别针上挑织（41，43，45，47，49）针，均匀减6针，左前片领口挑织（29，31，34，37，41）针，从左前片挑织（53，57，65，65，73）针，共（199，213，237，245，271）针。

不要连接，行织。织3行（正面、反面都织下针）。

女孩款：下一行，正面，织3针下针，[收2针，织（10，11，13，13，15）针]×3次，收2针，织下针，一直到行尾。

男孩款：下一行，正面，织（53，57，65，65，73）针，[收2针，织（10，11，13，13，15）针]×3次，收2针，织3针下针。

所有型号：

下一行：织下针，在收针的位置加2针。

这3行（正面、反面都织下针）收针。

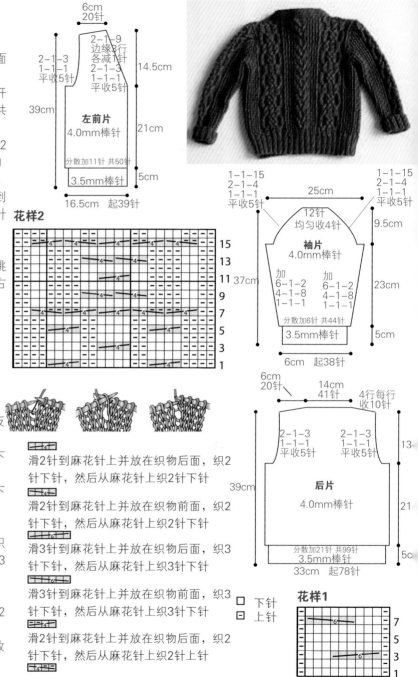

花样2

滑2针到麻花针上并放在织物后面，织2针下针，然后从麻花针上织2针下针

滑2针到麻花针上并放在织物前面，织2针下针，然后从麻花针上织2针下针

滑3针到麻花针上并放在织物后面，织3针下针，然后从麻花针上织3针下针

滑3针到麻花针上并放在织物前面，织3针下针，然后从麻花针上织3针下针

滑2针到麻花针上并放在织物后面，织2针下针，然后从麻花针上织2针上针

滑2针到麻花针上并放在织物前面，织2针上针，然后从麻花针上织2针下针

□ 下针
⊟ 上针

花样1

作品 7

儿童年龄	合适的胸围尺寸	最终完成的尺寸
3 个月	40.5cm	48cm
6 个月	43cm	51cm
12 个月	45.5cm	56cm
18 个月	51cm	61cm

[编织密度]22针×30行=10cm^2

[工　　具]3.5mm棒针，4.0mm棒针，大别针

[材　　料]西瓜红色棉线（120g，140g，250g，280g），
芒果色棉线、蓝色棉线、桃红色棉线（50g，50g，50g，
50g）

[编织要点]

后身片：3.5mm棒针，西瓜红色棉线，起织（50，54，
58，66）针。

织8行的双罗纹花样（2针下针，2针上针重复），最后
1行均匀加（2，0，2，0）针。共（52，54，60，66）
针。

换成4.0mm棒针，接下来正面织下针，反面织上针。
一直到（28，32，33，35.5）cm长。以上针行结束。

肩部：

接下来2行最开始各减（9，10，13，16）针，剩下34针
放在1个大别针上。

前身片：

和后身片相同，织到（20.5，23，23，25.5）cm，以上
针行结束。

开始分前口，先织右边。

第1行：正面，（26，27，30，33）针下针，掉头。剩

下的针目转到一根空棒针上。

第2行：2针下针，接下来织上针，一直到这行结尾。

第3行：织下针。

重复上面2行的动作，一直到前片的长度和后片到肩部
长度相同。以上针行结束。

收（9，10，13，16）针，剩下17针放在一个大别针
上。

正面，西瓜红色棉线连接到空棒针上，织左边，左边
和右边的方式相同。

袖片：

换成3.5mm棒针，起织（34，34，38，38）针。

织8行的双罗纹花样（2针下针，2针上针重复）。

换成4.0mm棒针，接下来正面织下针，反面织上针。

第3行两端各加1针。

接下来每2行两端各加1针，一直到（50，52，48，
48）针，然后每4行两端各加1针，一直到（52，56，
60，62）针，继续不加针不减针织到（11.5，14，
16.5，18）cm长，以上针行结束。收针。

条纹花样：

每个颜色织4行，B，A，B，C，B，主色。共24行，
形成一个条纹花样。

帽子：

缝合袖缝。正面，西瓜红色棉线，4.0mm棒针。挑织3
个大别针上面的针目，均匀加20针。共88针。

下一行：2针下针，接下来织上针，一直到最后2针，
2针下针。

下一行：织下针。

条纹花样的3行完成。

继续编织条纹花样，重复上面2行的动作，一直到
（19，21.5，24，24）cm。以反面行结束。收针。

将帽子从正中间折叠，缝合帽缝。

77

作品 8

儿童年龄	合适的胸围尺寸	最终完成的尺寸
6 个月	43cm	51cm
12 个月	45.5cm	53cm
18 个月	48.5cm	56cm
24 个月	51cm	58.5cm

[编织密度]22针×30行=10cm²

[工　具]3.75mm棒针，4.0mm棒针

[材　　料]米色棉线（150g，150g，250g，250g），
　　　　　白色棉线（150g，150g，150g，150g）

[编织要点]

套衫：从下往上织。

条纹图案（片织，正面织下针，反面织上针）。用白色线，织2行。用米色棉线，织2行。4行形成1个条纹图案。

后片：用米色棉线，3.5mm棒针，起织（55，57，61，63）针7行，正面、反面都织下针（第1行反面编织）。换成4.0mm棒针。

第1行：正面，织下针。

第2行：织3针下针，接下来织上针，一直到最后3针，3针下针。

重复上面2行的动作，一直到（5，5，6.5，6.5）cm长，在反面行结束。继续织4行（两边的3针正面、反面都织下针，中间的针目正面织下针，反面织上针）。

编织条纹图案，一直到长度（16.5，18，19，20.5）cm，以2行白色棉线结束。

插肩袖：继续编织条纹图案，接下来2行最开始各收2针。共（51，53，57，59）针。

第1行：正面，2针下针，左上2针并1针，接下来织□针，一直到最后4针，右上2针并1针，2针下针。

第2行：织上针，继续编织条纹图案。

重复上面2行（2，2，2，4）次，以2行白色棉线结束。共（45，47，51，49）针。白色棉线断线。

以上动作与前片相同。

接下来用米色棉线，重复上面2行（10，11，12，11）次，后片最后剩下（25，25，27，27）针。

前片：重复与后片相同的织法。

接下来用米色棉线，重复上面2行（5，6，6，5）次，最后剩下（35，35，39，39）针。

领口：

第1行：正面，2针下针，左上2针并1针，（6，6，8，8）针下针（领口边缘），掉头。剩下的针目转到空棒针上。

第2行：织上针。

第3行：2针下针，左上2针并1针，织下针，一直到最后2针，左上2针并1针。

重复上面的2行（1，1，2，2）次，最后剩下5针。

下一行：5针上针。

下一行：2针下针，左上3针并1针。

下一行：3针下针。

下一行：左上3针并1针，收针。

正面，滑过中间领口的15针不织，用米色棉线织剩下的针目。

第1行：正面，（6，6，8，8）针下针，右上2针并□针，2针下针。

第2行：织上针。

第3行：右上2针并1针，接下来织下针，一直到最后□针，右上2针并1针，2针下针。

重复上面2行的动作（1，1，2，2）次，共5针。

下一行：5针上针。

下一行：左上3针并1针，2针下针。

一行：3针上针。

下一行：左上3针并1针。收针

袖片：米色棉线，3.5mm棒针，起织（31, 33, 37, 37）针。

7行，正面、反面都织下针（第1行反面编织），换成4.0mm棒针，接下来（正面织下针，反面织上针），继续织（4, 4, , 6）行。接下来1行两端各加1针，接下织条纹图案，先织9行，接下来1行两端加1针，接下来10行条纹图案两端各加1针，加（1, 1, 1, 2）次，共（37, 39, 3, 45）针。继续织条纹图案，织到长度（18, 19, 20.5, 21.5）cm，以2行白色棉线结束。

袖套：继续编织条纹图案，接下来2行最开始各收2针，共（33, 35, 39, 41）针。

第1行：正面，2针下针，左上2针并1针，接下来织下针，一直到最后4针，右上2针并1针，2针下针。

第2行：织上针。继续编织条纹图案，重复上面2行（2, 2, 2, 4）次，以2行白色棉线结束。共（27, 29, 33, 31）针。白色棉线断线。

接下来只用米色棉线，重复最后2行（10, 11, 12, 11）次，共（7, 7, 9, ）针。

领口：正面，3.5mm棒针，米色棉线。

前领边缘挑织（7, 7, 9, 9）针，前领挑织15针，正中间减1针，右前领边缘挑织（7, 7, 9, 9）针，右袖子挑织（7, , 9, 9）针，正中间减1针，后领挑织（25, 25, 27, 27）针，正中间减1针，袖子挑织（7, 7, 9, 9）针，正中间减针。共（64, 64, 74, 74）针。

行，正面、反面都织下针。收针。

扣眼衣襟：正面，3.5mm棒针，米色棉线。

插肩袖收针位置挑织（25, 27, 29, 31）针，3行下针。

下一行：正面，（7, 7, 7, 9）针下针，左上2针并1针，绕线，（5, 6, 7, 7）针下针×2次，左上2针并1针，绕线，2针下针。共3个扣眼。再织2行下针。收针。

扣子这边的衣襟：和扣眼衣襟一样，忽略减针。

帽子：帽子尺寸适合（6, 12, 18, 24）个月宝宝。

米色棉线，3.5mm棒针，起织（87, 92）针。

9行（正面、反面都织下针），注意第1行反面编织，最后1行均匀加4针。共（91, 96）针。换成4.0mm棒针，接下来正面织下针，反面织上针。一直到（10, 11）cm的长度，在上针行结束。

帽顶：

第1行：正面，[（16, 17）针下针，左上2针并1针]×5次，1针下针。共（86, 91）针。

第2行：织上针。

第3行：[（15, 16）针下针，左上2针并1针]×5次，1针下针。共（81, 86）针。

第4行：织上针。

第5行：[（14, 15）针下针，左上2针并1针]×5次，1针下针。共（76, 81）针。

第6行：织上针

第7行：[（13, 14）针下针，左上2针并1针]×5次，1针下针。共（71, 76）针。

继续按照上面的方式织，每2行减5针，一直到剩下11针。断线，留下长的一段。拉紧，缝合。

制作绒线球：白色线，用3只手指绕线差不多60次，然后从手指上拉下来，用线在正中间系紧。将两端的线圈剪掉，剪平整，形成一个圆形的球。缝合到帽子上。

绒线球制作

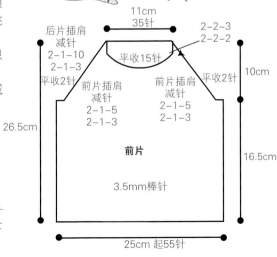

袖片
4.0mm棒针

2-1-10
2-1-3

7针

2-1-10
2-1-3

10cm

平收2针　平收2针

16.5cm　37针

16cm

1-1-3
平织5行

1-1-3
平织5行

1cm
7行

3.5mm棒针

14cm 起31针

28cm

后片插肩减针
2-1-10
2-1-3

平收2针

11cm
35针

平收15针

2-2-3
2-2-2

平收2针

10cm

前片插肩减针
2-1-5
2-1-3

前片插肩减针
2-1-5
2-1-3

26.5cm

前片

3.5mm棒针

16.5cm

25cm 起55针

作品 9

[编织密度]22针×30行=10cm²

[工　具]3.5mm棒针，4.0mm棒针

[材　料]蓝色棉线（150g，300g，300g，300g），白色棉线（50g，50g，50g，50g），青色棉线少许

[编织要点]

后片：

左后腿：裤脚起织，白色棉线，3.5mm棒针。起织（23，25，27，27）针。

织7行（正面、反面都织下针），以反面结束。白色棉线断线。

蓝色棉线，换成4.0mm棒针，正面织下针，反面织上针。不加针不减针织4行。以上部分和右后腿步骤相同。

裤缝：下一行加1针，接下来每6行加1针（加针位置都在裤缝边缘），一直到（28，31，33，35）针。继续不加针不减针织到（18，20.5，23，25.5）cm，以上针行结束。

右后腿：重复左后腿相同部分。

裤缝：下一行加1针，接下来每6行加1针（加针位置都在裤缝边缘），一直到（28，31，33，35）针。继续不加针不减针织到（18，20.5，23，25.5）cm，以上针行结束。

连接腿：

下一行：正面，从右后腿织（28，31，33，35）针下针，起2针，然后左后腿织（28，31，33，35）针，共

儿童年龄	合适的腰的尺寸
6 个月	43cm
12 个月	45.5cm
18 个月	48cm
24 个月	51cm

（58，64，68，72）针。行结尾用记号扣标记。

不加针不减针织5行。

下一行：两端各减1针，接下来每（16，12，10，8）行两端各减1针，一直到（52，56，58，64）针。

继续不加针不减针织到离标记位置（19.5，20.5，23，25.5）cm，以上针行结束。

袖窿：

接下来2行最开始各收（4，4，5，5）针，共（44，48，48，54）针。以上部分和前片织法相同。

接下来（4，4，4，6）行两端各减1针。共（36，40，40，42）针。蓝色棉线断线。

换成3.5mm棒针，白色线。织6行（正反面都织下针），收针。

前片：

右前腿：和左后腿一样。

左前腿：和右后腿一样。

连接腿：

下一行：正面，从左前腿织（28，31，33，35）针下针，起2针，然后右前腿织（28，31，33，35）针，共（58，64，68，72）针。行结尾用记号扣标记。

前片和后片一直到袖窿部分织法相同。

重复后片动作一直到袖窿（44，48，48，54）针。

接下来（10，10，10，12）针每行两端各减1针，（24，28，28，30）针。

继续不加针不减针织（正面织下针，反面织上针），一直到袖窿长度（6，7.5，7.5，9）cm，以上针行结束。蓝色棉线断线。

换成3.5mm棒针和白色棉线。织6行（正反面都织下针）。收针。

背带（2个）：

白色棉线，3.5mm棒针。起织（9，9，11，11）针。

第1行：反面，织下针。

第2行：1针下针，（将毛线放在织物后面，以上针

的方式滑1针，1针下针），括号内的动作重复多次。

重复上面2行，一直到背带长（21.5，23，25.5，28）cm，以反面行结束。

扣眼行：反面，（3，3，4，4）针下针，收3针，（3，3，4，4）针下针。

下一行：按照上面的花样织，在上面收针位置织3针。

继续按照花样织，一直到（24.5，25.5，28，30.5）cm长，以正面行结束。收针。

袖窿边缘：

正面，3.5mm棒针，白色棉线，沿着前后片袖窿边缘挑织（25，29，33，37）针，织6行（正反面都织下针）。收针。

缝背带，注意背带会在后面交叉。将纽扣缝在指定位置。

草莓花样图案：

白色棉线，3.5mm棒针。起织2针。

第1行：反面，1针下针里织2针下针，1针下针。共3针。

第2行：织下针。

第3行：（1针下针里织2针下针）×2次，1针下针。共5针。

第4行：织下针。

第5行：1针下针里织2针下针，接下来织下针，一直到最后2针，1针下针里织2针下针，1针下针。

第6行：织下针。

重复最后2行6次，共19针。

继续不加针不减针织，正反面都织下针，一直到7cm长。以反面行结束。白色棉线断线。

下一行：正面，青色棉线，2针下针，（加1针，5针下针）×3次，加1针，2针下针。共23针。

织1行下针，接下来5行织平针的逆针（正面织下针的逆针，反面织上针的逆针）。

下一行：（正面，制作脊）挑织下面5行青色棉线的线圈，移到左棒针上作为1针，接下来左棒针上2针一起织1针下针。共23针。

下一行：（1针下针，1针上针），括号内动作重复多次。最后的1针织下针。

重复上面1行种子针花样2次。

下一行：正面，1针下针，上针的3针并1针，织

花样，一直到最后4针，上针的3针并1针，1针下针。

下一行：（1针下针，1针上针），括号内动作重复多次。最后1针织下针。

重复上面2行的动作2次。剩下11针。继续编织花样。接下来2行开始各收4针。共3针。

接下来3行正面织下针，反面织上针。共3针。

断线，将线圈从剩下的3针拉出来。

将图案花样缝合到背带裤上。

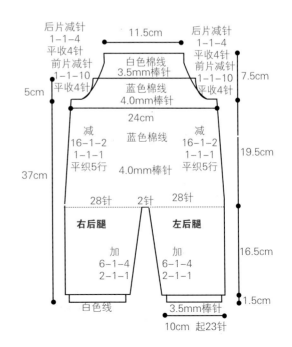

作品 10

儿童年龄	合适的胸围尺寸	最终完成的尺寸
6 个月	43cm	42.5cm
12 个月	45.5cm	45cm
18 个月	48cm	51.5cm
2 岁	51cm	55cm
4 岁	53.5cm	63cm

[编织密度]22针×28行=10cm²

[工　　具]3.75mm棒针，4.0mm棒针，大别针

[材　　料]灰色羊绒线（150g，150g，150g，150g，200g），白色羊绒线（150g，150g，150g，150g，

[编织要点]

右腿：用灰色羊绒线，3.75mm棒针。

起织（28，28，30，30，32）针，分到3根棒针上，进行圈织。第1针用记号扣标记。

第1圈：（1针下针，1针上针），括号内的动作重复多次。

重复上面1圈单罗纹花样，一直到4cm长。换成4.0mm棒针，开始织条纹花样。

条纹花样：白色羊绒线4圈，灰色羊绒线4圈，共8圈形成条纹图案。

针对18个月、2岁、4岁宝宝的尺寸：不加针不减针织条纹花样（6，10，14）圈。

针对所有尺寸：

第1圈：1针下针，下针1针变2针，接下来织下针，一直到最后2针，下针1针变2针，1针下针。

第2圈：织下针。

重复上面2圈的动作（1，3，8，8，19）次，共（32，

36，48，48，72）针。

下一圈：（1针下针，下针1针变2针）×2次，接下来织下针一直到最后4针，（下针1针变2针，1针下针）×2次。

下一圈：织下针。

重复上面2圈的动作（7，7，10，11，6）次，共（64，68，92，96，100）针。

针对6个月和12个月宝宝的尺寸：

下一圈：（1针下针，下针1针变2针）×3次，接下来织下针，一直到最后6针，（下针1针变2针，1针下针）×3次。

下一圈：织下针。

重复上面2圈的动作2次，共（82，86）针。

针对所有尺寸：

不加针不减针织条纹图案，一直到（12.5，14，19，21.5，26.5）cm。以白色棉线或者灰色棉线的第4行结束。

将所有针目移到1个大别针上。

左腿：按照和右腿一样的方式编织。

腿的连接：

用4.0mm棒针，灰色羊绒线从右腿上织（82，86，92，96，100）针下针，左腿上织（82，86，92，96，100）针下针，圈织。第1针用记号扣标记。共（164，172，184，192，200）针。

不加针不减针织（5，5，5，6，9）圈条纹花样，接下来按照如下方式继续织条纹花样。

第1圈：（38，40，43，45，47）针下针，右下2针并1针，1针下针，用记号扣标记，1针下针，左上2针并1针，（76，80，86，90，94）针下针，右下2针并针，1针下针，用记号扣标记，1针下针，左上2针并针，接下来织下针到结尾。共减了4针。

第2~4圈：织下针。

82

重复上面4圈的动作（14，14，16，17，17）次，共（104，112，116，120，128）针。

针对12个月和4岁儿童的尺寸：

下一圈：织下针，均匀减2针。（104，110，116，120，126）针。

针对所有尺寸：

不加针不减针织条纹花样，一直到（23，24，25.5，26.5，29）cm。

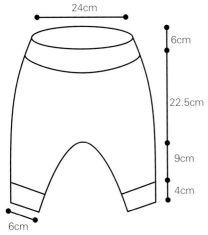

后腰：

第1行：正面，（77，81，86，89，95）针下针，掉头，剩下的针目不织。

第2行：（51，53，57，59，63）针上针，掉头，剩下的针目不织。

第3行：（52，54，58，60，64）针下针，掉头，剩下的针目不织。

第4行：（53，55，59，61，65）针上针，掉头，剩下的针目不织。

第5行：（54，56，60，62，66）针下针，掉头，剩下的针目不织。

第6行：（55，57，61，63，64）针上针，掉头，剩下的针目不织。

第7行：织下针，一直到这圈结束。白色羊绒线断线。

掉头说明：

正面：将线放在织物前面，以上针方式滑1针，然后将线放在织物后面，将滑针转回到左棒针上。掉头。

反面：将线放在织物后面，以上针方式滑1针，然后将线放在织物前面，将滑针转回到左棒针上。掉头。

腰带：换成3.75mm棒针。

第1圈：灰色羊绒线，（1针下针，1针上针）括号内动作重复多次。

重复上面的单罗纹花样一直到6cm长。收针断线。

折叠顶部边缘3cm，形成褶皱，留下一个开口来插入松紧带。然后将缝口缝合。

作品11

[编织密度]22针×30行=10cm²

[工　　具]3.5mm棒针，4.0mm棒针

[材　　料]浅褐色棉线（150g，150g，300g，300g），粉红色棉线（50g，50g，50g，50g），白色棉线少许

[编织要点]

白色球球花：在接下来1针里面织7针。[（1针下针，1针上针）×3次，1针下针]，滑第6针、第5针、第4针、第3针、第2针、第1针到第7针上，剩下1针。

右腿：从下往上织，粉红色棉线，3.5mm棒针，起织（50，54，58，58）针。

第1行：正面，2针下针，（2针上针，2针下针），括号内动作重复多次。

第2行：反面，2针上针，（2针下针，2针上针），括号内动作重复多次。

重复上面2行的双罗纹花样，一直到（5，6，6，6）cm长，以反面行结束。最后1行均匀加3针，共（53，57，61，61）针。换成4.0mm棒针，织（4，6，6，8）行，（正面织下针，反面织上针）。

下一行：正面，粉红色棉线，（2，4，2，2）针下针，（换成白色棉线，织白色球球花，换成粉红色，3针下针），括号内重复，一直到最后（3，1，3，3）针，（白色棉线，织白色球球花），（1，0，1，1）次，粉红色棉线，（2，1，2，2）针下针，白色棉线断线。

下一行：织上针。

接下来1行两端各加1针。共（55，59，63，63）针。

继续织（3，5，5，5）行，粉红色棉线断线。

换成浅褐色棉线，继续编织，（行织，正面织下针，反面织上针）

下一行：两端各加1针。接下来每（4，4，6，8）行加2针（两端各加1针），一直到（65，71，75，75）针。

继续编织到长度（19，23，25.5，29）cm，以上针行结束。

裤裆：接下来2行最开始各收（3，4，4，4）针，共（59，63，67，67）针。最后1行做标记。

接下来1行两端各减1针。

接下来每4行两端各减1针（1，2，2，2）次。共（55，57，61，61）针。

继续编织到离标记位置（15，16.5，18，18）cm，以上针行结束。

后片：

第1行：正面，织下针。

第2行：（43，45，49，49）针上针，剩下的针目不织，掉头。

第3行：织下针。

第4行：（33，35，39，39）针上针，剩下的针目不织，掉头。

第5行：织下针。

第6行：（23，25，29，29）针上针，剩下的针目不织，掉头。

第7行：织下针。

第8行：所有针目织上针。均匀加（3，1，1，1）针。共（58，58，62，62）针。

腰带：换成3.5mm棒针，织5cm的双罗纹花样。

左腿：和右腿相同。

后片：

第1行：正面，（43，45，49，49）针下针，剩下的针目不织。掉头。

第2行：织上针。

第3行：（33，35，39，39）针下针，剩下的针目不织。掉头。

第4行：织上针。

第5行：（23，25，29，29）针下针，剩下的针目不织。掉头。

第6行：织上针。

第7行：所有针目织下针。共（55，57，61，61）针。

第8行：织上针。均匀加（3，1，1，1）针。共（58，58，62，62）针。

裤腰带：

换成3.5mm的针，织5cm长的双罗纹花样。收针。

缝合：缝合裤脚，缝合裤裆，将裤腰反面折叠，把松紧带缝合到里面。

儿童年龄	合适的腰的尺寸
6个月	43cm
12个月	45.5cm
18个月	48cm
24个月	51cm

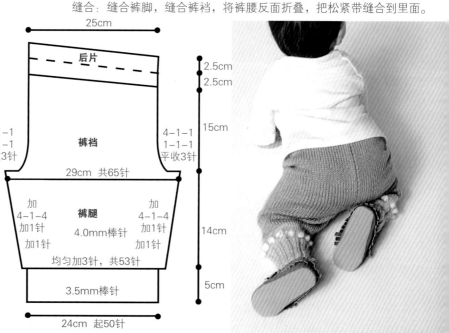

25cm

后片

2.5cm
2.5cm

4-1-1
1-1-1
平收3针

裤裆

4-1-1
1-1-1
平收3针

15cm

29cm 共65针

加
4-1-4
加1针
加1针

裤腿
4.0mm棒针

加
4-1-4
加1针
加1针

14cm

均匀加3针，共53针

3.5mm棒针

5cm

24cm 起50针

[编织密度]18针×24行=10cm²

[工　　具]3.5mm棒针，4.0mm棒针

[材　　料]白色棉线（200g，200g，200g，250g），2颗纽扣

[编织要点]

左后腿：用3.5mm棒针，起（22，26，30，34）针。

第1行：正面，（2针下针，2针上针），括号内动作重复多次。最后2针织下针。

第2行：（2针上针，2针下针），括号内动作重复多次。最后2针织上针。

重复上面2行的双罗纹花样，一直到（5，5，6，6）cm。以反面行结束。

换成4.0mm棒针：

下一行：（2针下针，下针1针变2针），括号内动作重复多次，剩下的（1，2，0，1）针织下针。共（29，34，40，45）针。

下一行：织上针。

下一行：织下针。

重复上面2行的动作4次，然后再织1行上针。

将针目转到1根棒针上，断线。

右后腿：和左后腿织法一致，但是不要断线。

腿的连接：

第1行：正面，右后腿上织（29，34，40，45）针下针，左后腿上织（29，34，40，45）针下针。共（58，68，80，90）针。

下一行：织上针。

下一行：织下针。

重复上面2行的动作，一直到距离腿起始连接处（23，25.5，28，30.5）cm长，以上针行结束。

下一行：正面，（左上2针并1针），括号内的动作重复多次，一直到行尾。共（29，34，40，45）针。

针对6个月和24个月宝宝的尺寸：

下一行：织上针。

针对12个月和18个月宝宝的尺寸：

下一行：织上针，行中间减1针。共（33，39）针。

针对所有尺寸：袖窿处。

接下来2行最开始各收（4，4，5，6）针。共（21，25，29，33）针。

下一行：（1针下针，1针上针），括号内动作重复多次。最后1针织下针。

下一行：（1针上针，1针下针），括号内动作重复多次。最后1针织上针。

重复上面2行单罗纹花样，一直到距离袖窿收针处（5，5，6，6）cm。以正面行结束。接下来2行织下针。收针。

前片：和后片黄色标记织法相同。共（29，33，39，45）针。

针对所有尺寸：袖窿处。

接下来2行最开始各收（4，4，5，6）针。共（21，25，29，33）针。

下一行：（1针下针，1针上针），括号内动作重复多次。最后1针织下针。

下一行：（1针上针，1针下针），括号内动作重复多次。最后1针织上针。

重复上面2行单罗纹花样，一直到距离袖窿收针处（7.5，9，9，10）cm。以正面行结束。

接下来2行织下针。收针。

肩带（2个）：用3.5mm棒针，起织（7，7，9，9）针。

第1行：反面，织下针。

第2行：1针下针，（将线放在织物后面，以上针方式滑1针，1针下针），括号内动作重复多次，一直到行尾。

重复上面2行的动作，一直到肩带长度（15，18，18，19）cm，以正面行结束。

带扣眼的那行：反面，（2，2，3，3）针下针，收3针，继续织下针到行尾。

下一行：按照花样织，在收针位置起3针。

继续按照花样织，一直到肩带长

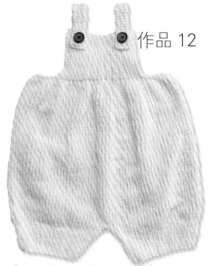

作品 12

（18，20.5，20.5，21.5）cm。以正面行结束。收针。

缝合：缝合裤腿内缝。缝合边缝。缝合背带（注意背带会在背面交叉）。把扣子缝在前面的位置。

儿童年龄	合适的腰的尺寸
6个月	43cm
12个月	45.5cm
18个月	48cm
24个月	51cm

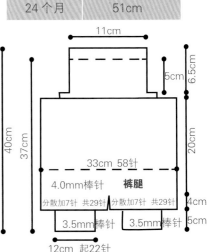

11cm

5cm

6.5cm

40cm 37cm

20cm

33cm 58针

4.0mm棒针　　裤腿

分散加7针 共29针　分散加7针 共29针

4cm

5cm

3.5mm棒针　　3.5mm棒针

12cm 起22针

从上往下织女式毛衣

作品 1

[编织密度]23针×31行=10cm²

[工 具]3.75mm棒针和4.0mm棒针

[编织要点]

毛衣是从上往下一片编织而成的。

3.75mm棒针，紫色线，起织136（144，152，160，176，184）针。

准备圈：黄色线，织下针。

第1圈：黄色线，（1针上针，以上针方式滑1针），括号内动作重复多次。

第2圈：黄色线，（以上针方式滑1针，1针上针），括号内动作重复多次。

第3和第4圈：紫色线，织下针。

第5圈：黄色线，织下针。

再重复第1~5圈的动作2次，再重复第1圈和第2圈的动作1次。黄色线断线。

换成4.0mm棒针，紫色线，按照如下方式织花样。

第1圈和奇数圈：织下针。

第2圈：（2针下针，绕线加1针，6针下针，绕线加1针），括号内动作重复多次。共170（180，190，200，220，230）针。

第4圈：（2针下针，绕线加1针，2针下针，右上2针并1针，左上2针并1针，2针下针，绕线加1针），括号内动作重复多次。

第6圈：（3针下针，绕线加1针，6针下针，绕线加1针，1针下针），括号内动作重复多次。共204（216，228，240，264，276）针。

第8圈：（2针下针，绕线加1针，2针下针，右上2针并1针，2针下针，左上2针并1针，2针下针，绕线加1针），括号内动作重复多次。

第10圈：（3针下针，绕线加1针，2针下针，右上2针并1针，左上2针并1针，2针下针，绕线加1针，1针下针），括号内动作重复多次。

第12圈：同第8圈。

第14圈：同第10圈。

第16圈：（4针下针，绕线加1针，6针下针，绕线加1针，2针下针），括号内动作重复多次。共238（252，266，280，308，322）针。

第18圈：（2针下针，绕线加1针，2针下针，右上2针并1针，4针下针，左上2针并1针，2针下针，绕线加1针），括号内动作重复多次。

第20圈：（3针下针，绕线加1针，2针下针，右上2针并1针，2针下针，左上2针并1针，2针下针，绕线加1针，1针下针），括号内动作重复多次。

第22圈：（4针下针，绕线加1针，2针下针，右上2针并1针，左上2针并1针，2针下针，绕线加1针，2针下针），括号内动作重复多次。

第23圈：织下针。

第24~29圈：同第18~23圈。

第30圈：（5针下针，绕线加1针，2针下针，右上2针并1针，左上2针并1针，2针下针，绕线加1针，3针下针），括号内动作重复多次。共272（288，304，320，352，368）针。

第32圈：（2针下针，绕线加1针，2针下针，右上2针并1针，6针下针，左上2针并1针，2针下针，绕线加1针），括号内动作重复多次。

第34圈：（3针下针，绕线加1针，2针下针，右上2针并1针，4针下针，左上2针并1针，2针下针，绕线加1针，1针下针），括号内动作重复多次。

第36圈：（4针下针，绕线加1针，2针下针，右上2针并1针，2针下针，左上2针并1针，2针下针，绕线加1针，2针下针），括号内动作重复多次。

第38圈：（5针下针，绕线加1针，2针下针，右上2针并1针，左上2针并1针，2针下针，绕线加1针，3针下针），括号内动作重复多次。

第39圈：织下针。

第40~47圈：同第32~39圈。

第48圈：[（6针下针，绕线加1针）×2次，4针下针，中括号内动作重复多次。共306（324，342，360，396，414）针。

第50圈：（2针下针，绕线加1针，2针下针，右上2针并1针，8针下针，左上2针并1针，2针下针，绕线加1针），括号内动作重复多次。

第52圈：（3针下针，绕线加1针，2针下针，右上2针并1针，6针下针，左上2针并1针，2针下针，绕线加1针，1针下针），括号内动作重复多次。

第54圈：（4针下针，绕线加1针，2针下针，右上2针并1针，

尺寸规格	XS/S	M	L	XL	2XL/3XL	4XL/5XL
主色线	300g	350g	400g	450g	450g	500g
配线A	50g	50g	100g	100g	100g	100g
适合的胸围	71~86.5cm	91.5~96.5cm	101.5~106.5cm	112~117cm	122~137cm	142~157.5cm

4针下针，左上2针并1针，2针下针，绕线加1针，2针下针），括号内动作重复多次。

第56圈：（5针下针，绕线加1针，2针下针，右上2针并1针，2针下针，左上2针并1针，2针下针，绕线加1针，3针下针），括号内动作重复多次。

第58圈：（6针下针，绕线加1针，2针下针，右上2针并1针，左上2针并1针，2针下针，绕线加1针，4针下针），括号内动作重复多次。

第59圈：织下针。

第60~69圈：同第50~59圈。

第70圈：（7针下针，绕线加1针，6针下针，绕线加1针，5针下针），括号内动作重复多次。共340（360，380，400，440，460）针。

第72圈：（2针下针，绕线加1针，2针下针，右上2针并1针，10针下针，左上2针并1针，2针下针，绕线加1针），括号内动作重复多次。

第74圈：（3针下针，绕线加1针，2针下针，右上2针并1针，8针下针，左上2针并1针，2针下针，绕线加1针，1针下针），括号内动作重复多次。

第76圈：（4针下针，绕线加1针，2针下针，右上2针并1针，6针下针，左上2针并1针，2针下针，绕线加1针，2针下针），括号内动作重复多次。

第78圈：（5针下针，绕线加1针，2针下针，右上2针并1针，4针下针，左上2针并1针，2针下针，绕线加1针，3针下针），括号内动作重复多次。

第80圈：（6针下针，绕线加1针，2针下针，右上2针并1针，2针下针，左上2针并1针，2针下针，绕线加1针，4针下针），括号内动作重复多次。

第82圈：（7针下针，绕线加1针，2针下针，右上2针并1针，左上2针并1针，2针下针，绕线加1针，5针下针），括号内动作重复多次。

第84圈：[8针下针，（绕线加1针，6针下针）×2次]，中括号内动作重复多次。共374（396，418，440，484，506）针。

第86圈：（2针下针，绕线加1针，2针下针，右上2针并1针，12针下针，左上2针并1针，2针下针，绕线加1针），括号内动作重复多次。

第88圈：（3针下针，绕线加1针，2针下针，右上2针并1针，10针下针，左上2针并1针，2针下针，绕线加1针，1针下针），括号内动作重复多次。

第90圈：（4针下针，绕线加1针，2针下针，右上2针并1针，8针下针，左上2针并1针，2针下针，绕线加1针，2针下针），括号内动作重复多次。

第92圈：（5针下针，绕线加1针，2针下针，右上2针并1针，6针下针，左上2针并1针，2针下针，绕线加1针，3针下针），括号内动作重复多次。

第94圈：（6针下针，绕线加1针，2针下针，右上2针并1针，4针下针，左上2针并1针，2针下针，绕线加1针，4针下针），括号内动作重复多次。

第96圈：（7针下针，绕线加1针，2针下针，右上2针并1针，2针下针，左上2针并1针，2针下针，绕线加1针，5针下针），括号内动作重复多次。

第98圈：（8针下针，绕线加1针，2针下针，右上2针并1针，左上2针并1针，2针下针，绕线加1针，6针下针），括号内动作重复多次。

第99圈：织下针。

重复第86~99圈的动作，一直到距离起始位置35.5（35.5，35.5，38，40.5，43）cm。

袖片边缘和衣身片下摆罗纹花样：换成3.75mm棒针，按照如下方式处理：

第1圈：黄色线，织下针。

第2圈：黄色线，（1针上针，以上针方式滑1针）×53（54，54，55，56，56）次，1（0，1，0，0，1）针上针，（2针下针，2针上针）×20（22，25，27，32，35）次，0（2，0，2，2，0）针下针，（1针上针，以上针方式滑1针）×53（54，54，55，56，56）次，1（2，1，2，2，1）针上针，2针下针，2针上针）×20（22，25，27，32，35）次。

第3圈：黄色线，（以上针方式滑1针，1针上针）×53（54，54，55，56，56）次，1（0，1，0，0，1）针上针，（2针下针，2针上针）×20（22，25，27，32，35）次，0（2，0，2，2，0）针下针，（以上针方式滑1针，1针上针）×53（54，54，54，55，56，56）次，1（2，1，2，2，1）针上针，（2针下针，2针上针）×20（22，25，27，32，35）次。

第4圈和第5圈：紫色线，107（108，109，110，112，113）针下针，（2针下针，2针上针）×20（22，25，27，32，35）次，0（2，0，2，2，0）针下针，107（108，109，110，112，113）针下针，0（2，0，2，2，0）针上针，（2针下针，2针上针）×20（22，25，27，32，35）次。

第6圈：黄色线，同第4圈。

再重复第2~6圈的动作2次，然后重复第2圈和第3圈的动作1次。紫色线断线。

下一圈：黄色线，收107（108，109，110，112，113）针，（2针下针，2针上针）×20（22，25，27，32，35）次，0（2，0，2，2，0）针下针，收107（108，109，110，112，113）针，0（2，0，2，2，0）针上针，（2针下针，2针上针）×20（22，25，27，32，35）次。

用黄色线，继续在剩下的160（180，200，220，260，280）针上织5cm长的双罗纹花样。收针。

30-32-33-35.5-38.5-40.5cm

35.5cm
35.5cm
35.5cm
38cm
40.5cm
43cm

40.5cm
40.5cm
40.5cm
43cm
45.5cm
48cm

82.5-87.5-92-96.5-106.5-112cm

4cm

35.5-39-44-48-57-62cm

作品 2

断线。

花样

下一圈：藏蓝色线，均匀减8针。共264（280，328，360）针。

下一圈：织下针。

接下来分衣身片和袖片：

下一圈：40（43，52，59）针下针，袖隆处起织2（4，4，10）针，将接下来的52（54，60，62）针作为袖片移到大别针上待用，80（86，104，118）针下针（前片），袖隆处起织2（4，4，10）针，将接下来的52（54，60，62）针作为袖片移到大别针上待用，40（43，52，59）针下针。衣身片共164（180，216，248）针。

衣身片：

接下来平织下针，一直到距离分片位置30.5（30.5，33，35.5）cm。

[编织密度]15针×20行=10cm²

[工　　具]5.5mm棒针和6.0mm棒针，记号扣，4个大别针

[编织要点]

衣领：用藏蓝色线和5.5mm棒针起织。

从领口边缘起织76（76，80，80）针。圈织，第1针记号扣标记为后片正中间针目。

第1圈：（2针下针，2针上针），括号内动作重复多次。重复上面1圈的双罗纹花样5cm长。最后1圈里均匀加4针，共80（80，84，84）针。

换成6.0mm棒针。

下一圈：[10（10，7，7）针下针，加1针]×8（8，12，12）次。共88（88，96，96）针。

织1圈下针。

下一圈：[11（11，12，12）针下针，加1针]×8次。共96（96，104，104）针。

织1圈下针。

下一圈：[12（12，13，13）针下针，加1针]×8次。共104（104，112，112）针。

再按照上面的方式，每2圈加8针再加3（2，5，5）次。然后每3圈加8针加1（3，2，4）次。

共136（144，168，184）针。

接下来织花样1，看花样时从右往左读，8针单元花重复17（18，21，23）次，共织35圈，花样织完一共272（288，336，368）针，白色线

Tips 下摆处理方法

WTP 毛线放前，下一针以上针的方式滑到右针上，毛线放后，将针目滑回左针上，毛线放前，准备下一行织下针，掉头。

WTK 下一针以上针的方式滑到右针上，毛线放前，将针目滑回左针上，毛线放后，准备下一行织上针，掉头。

为了防止出现洞洞或空隙，当遇到上面两种针时，挑上上面两种针放在左针上，并和下一针一起织。

尺寸规格	XS/S	M/L	XL/2XL	3XL/5XL
藏蓝色线	600g	700g	900g	1000g
白色线	100g	100g	200g	200g
测量的胸围	71~86.5cm	91.5~106.5cm	112~127cm	132~157.5cm
完成的胸围	110.5cm	122cm	146cm	167.5cm

接下来通过短行方式调整下摆形状：

下一行：藏蓝色线，72（80，98，110）针下针，下针行掉头针。

下一行：滑1针，143（159，188，219）针上针，上针行掉头针。

下一行：滑第1针掉头针，138（154，181，211）针下针，下针行掉头针。

下一行：滑第1针掉头针，133（149，174，203）针上针，上针行掉头针。

下一行：滑第1针掉头针，128（144，167，195）针下针，下针行掉头针。

下一行：滑第1针掉头针，123（139，160，187）针上针，下针行掉头针。

下一行：滑第1针掉头针，118（134，153，179）针下针，下针行掉头针。

下一行：滑第1针掉头针，113（129，146，171）针上针，上针行掉头针。

下一行：滑第1针掉头针，98（124，159，163）针下针，下针行掉头针。

下一行：滑第1针掉头针，93（119，152，155）针上针，上针行掉头针。

下一行：滑第1针掉头针，接下来织下针一直到记号扣标记位置。

下一圈：所有针目织下针。

换成3.75mm棒针，织4cm长的双罗纹花样。收针。

袖片：正面，藏蓝色线。前面袖窿处起织了2（4，4，10）针，从正中间开始挑1（2，2，5）针织下针，52（54，60，62）针下针，挑织袖窿处剩下的1（2，2，5）针织下针。共54（58，64，72）针。连接成圈，第1针用记号扣标记。

接下来平织7圈下针。

下一圈：左上2针并1针，接下来织下针到最后2针，右上2针并1针。

再重复上面8圈的动作6（6，7，7）次。共40（44，48，56）针。

接下来平织下针，一直到袖长39.5cm。

换成3.75mm棒针，织4cm长的双罗纹花样。

织1圈下针。收针。

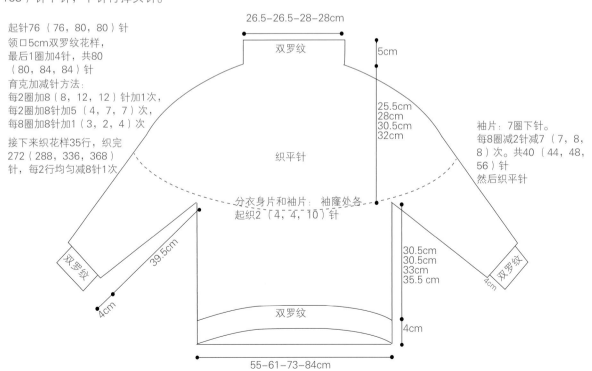

起针76（76，80，80）针

领口5cm双罗纹花样，最后1圈加4针，共80（80，84，84）针

育克加减针方法：
每2圈加8（8，12，12）针加1次，
每2圈加8针加5（4，7，7）次，
每8圈加8针加1（3，2，4）次。

接下来织花样35行，织完272（288，336，368）针，每2行均匀减8针1次。

26.5-26.5-28-28cm

双罗纹

5cm

25.5cm
28cm
30.5cm
32cm

织平针

袖片：7圈下针。
每8圈减2针减7（7，8，8）次。共40（44，48，56）针
然后织平针

分衣身片和袖片：袖窿处各起织2（4，4，10）针

39.5cm

双罗纹

4cm

30.5cm
30.5cm
33cm
35.5cm

双罗纹

4cm

双罗纹

4cm

55-61-73-84cm

作品 3

[编织密度]15针×20行=10cm²

[工　　具]5.5mm棒针和6.0mm棒针，记号扣，
　　　　　4个大别针

[编织要点]

此毛衣是从领口往下编织而成的，有个很深的育克领。

领口：

用黑色线，5.5mm棒针起织，起76（76，80，80）针，
连接成圈，进行圈织。第1针（后片正中间）用记号扣标
记。

第1圈：（2针下针，2针上针），括号内动作重复多次。
再重复上面1圈的双罗纹花样3次。最后1圈均匀加4针。
共80（80，84，84）针。

换成6.0mm棒针，接下来织花样1（从右往左读），4针
单元花重复20（20，21，21）次，共35行。

下一圈：白色线，[8（8，7，7）针下针，加1针]×10
（10，12，12）次，共90（90，96，96）针。

接下来通过短行的方式对领口做调整：

注意：为了防止出现洞洞或空隙，当遇到掉头针时，挑起
掉头针放在左针上，并和下1针一起
织。

下一行：白色线，36（36，37，
37）针下针，下针行掉头针。

下一行：滑第1针掉头针，72
（72，74，74）针上针，上针行掉
头针。

下一行：滑第1针掉头针，69（69，
71，71）针下针，下针行掉头针。

下一行：滑第1针掉头针，66（66，68，68）针
上针，上针行掉头针。

下一行：滑第1针掉头针，接下来织下针到记号扣
标记位置。

下一圈：所有针目织下针。

下一圈：白色线，[3（3，2，2）针下针，加1
针]，中括号内的动作重复多次。共120（120，
144，144）针。

接下来织花样2（从右往左读），4针单元花重复
30（30，36，36）次，共7行。

下一圈：黑色线，织下针。

下一圈：黑色线，[3（3，4，2）针下针，加1
针]，中括号内的动作重复多次。共160（160，
180，216）针。

下一圈：黑色线，织下针。

接下来织花样3（从右往左读），4针单元花重复
40（40，45，54）次，共16行。

下一圈：白色线，织下针。

下一圈：白色线，[4（3，3，3）针下针，加1
针]，中括号内的动作重复多次一直到最后0（4，
0，0）针。（2针下针，加1针）×0（2，0，0）
次，共200（214，240，288）针。

下一圈：白色线，织下针。均匀加0（2，8，0）
针。共200（216，248，288）针。

接下来织花样4（从右往左读），8针单元花重复
25（27，31，36）次，共4行。

下一圈：白色线，织下针。

下一圈：白色线，[3（3，3，4）针下针，加1
针]，中括号内的动作重复多次，一直到最后8
（0，2，0）针。8（0，2，0）针下针，共264
（288，330，360）针。

下一圈：白色线，织下针。均匀加0（0，6，0）
针。共264（288，336，360）针。

接下来织花样5（从右往左读），24针单元花重
复11（12，14，15）次，共15行。

下一圈：白色线，织下针。

尺寸规格	XS/S	M/L	XL/2XL	3XL/5XL
黑色线	500g	600g	700g	800g
白色线	200g	200g	300g	300g
测量的胸围	71~86.5cm	91.5~106.5cm	112~127cm	132~157.5cm
完成的胸围	106.5cm	122cm	142cm	160cm

接下来分衣身片和袖片：

下一圈：白色线，40（44，53，58）针下针，袖窿处起织4针，将接下来的52（56，62，64）针作为袖片移到大别针上待用，80（88，106，116）针下针（前片），袖窿处起织4针，将接下来的52（56，62，64）针作为袖片移到大别针上待用，40（44，53，58）针下针。衣身片共168（184，220，240）针。

衣身片：

下一圈：白色线，织下针，均匀减0（0，4，0）针，共168（184，216，240）针。

接下来织花样6（从右往左读），8针单元花重复21（23，27，30）次，共11行。白色线断线。

下一圈：黑色线，织下针，均匀减8（4，8，4）针，共160（180，208，236）针。

继续不加针不减针织下针，一直到距离分片位置30.5（30.5，33，35.5）cm。

接下来织5cm长的双罗纹花样。

下一圈：织下针。反面收针。

袖片：

正面，6.0mm棒针，白色线，前面袖窿处起织了4针，从正中间开始挑织2针织下针，52（56，62，64）针下针，挑织袖窿处剩下的2针织下针。共56（60，66，68）针。连接成圈，第1针用记号扣标记。

下一圈：白色线，织下针，均匀减0（4，2，4）针，共56（56，64，64）针。

接下来织花样6（从右往左读），8针单元花重复7（7，8，8）次，共11行。织完时白色线断线。

下一圈：黑色线，织下针，均匀减4针，共52（52，60，60）针。

继续不加针不减针织6圈下针。

下一圈：左上2针并1针，接下来织下针到最后2针，右上2针并1针。

再重复上面7圈的动作5次，共40（40，48，48）针。

继续不加针不减针织下针，一直到距离分片位置33cm。换成5.5mm棒针。

接下来织4cm长的双罗纹花样。

下一圈：织下针。收针。

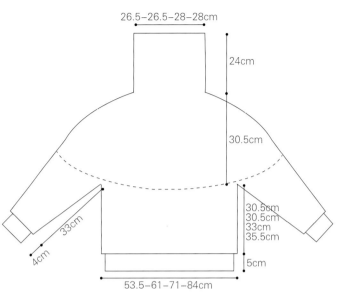

26.5-26.5-28-28cm
24cm
30.5cm
30.5cm
30.5cm
33cm
35.5cm
5cm
33cm
4cm
53.5-61-71-84cm

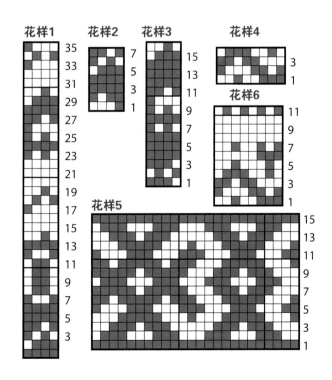

花样1
35 33 31 29 27 25 23 21 19 17 15 13 11 9 7 5 3

花样2
7 5 3 1

花样3
15 13 11 9 7 5 3 1

花样4
3 1

花样6
11 9 7 5 3 1

花样5
15 13 11 9 7 5 3 1

作品 4

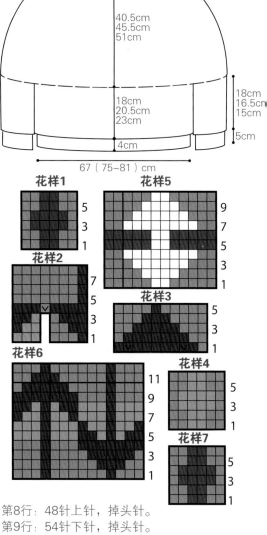

尺寸规格	XS/S/M	L/XL/2XL	3XL/4XL/5XL
深褐色线	500g	700g	900g
其他颜色线	各100g	各100g	各100g
测量的胸围	71~96.5cm	112~127cm	132~157.5cm
完成的胸围	134.5cm	150cm	162.5cm

[编织密度]20针×26行=10cm²

[工　　具]4.0mm棒针和4.5mm棒针，记号扣，4个大别针

[编织要点]

4.0mm棒针，起织96（100，104）针，第1针记号扣标记。

深褐色线，织6.5cm的双罗纹花样。

向内折叠衣领，和起针行对齐，然后一针对一针地织在一起。

下一行：织下针。

通过短行方式进行领口调整：

注意：为了防止出现洞洞或空隙，当遇到掉头针时，挑起掉头针放在左针上，并和下1针一起织。

第1行：6针下针，掉头针。

第2行：12针上针，掉头针。

第3行：18针下针，掉头针。

第4行：24针上针，掉头针。

第5行：30针下针，掉头针。

第6行：36针上针，掉头针。

第7行：42针下针，掉头针。

第8行：48针上针，掉头针。

第9行：54针下针，掉头针。

第10行：60针上针，掉头针。

下一行：30针下针。

换成4.5mm棒针。

加针行：（2针下针，加1针），括号内动作重复多次。共144（150，156）针。

开始织花样：

织花样1的6针单元花样（从右往左读）×24（25，26）次。共6行。

92

下一圈：深褐色线，织下针。
加针行：（加1针，6针下针），括号内动作重复多次。共168（175，182）针。
下一圈：织下针。
织花样2的单元花样（从右往左读）×24（25，26）次。共8行。织完192（200，208）针。
织花样3的单元花样（从右往左读）×24（25，26）次。共5行。织完240（250，260）针。
下一圈：深褐色线，织下针。
加针行：（5针下针，加1针），括号内动作重复多次。共288（300，312）针。
下一圈：织下针。
织花样4的6针单元花样（从右往左读）×48（50，52）次。共6行。
接下来用深褐色线织3圈下针。
织花样5的12针单元花样（从右往左读）×24（25，26）次。共10行。
只针对XS/S/M：
下一圈：深褐色线，织下针。
加针行：（6针下针，加1针），括号内动作重复多次。共336针。
下一圈：织下针。
只针对L/XL/2XL：
下一圈：深褐色线，织下针。
加针行：（5针下针，加1针），括号内动作重复多次。共360针。
下一圈：织下针。
只针对3XL/4XL/5XL：
加针行：褐色线，（39针下针，加1针），括号内动作重复多次。共320针。
加针行：（5针下针，加1针），括号内动作重复多次。共384针。
下一圈：织下针。
针对所有尺寸：织花样1的6针单元花样（从右往左读）×56（60，64）次。共6行。
只针对XS/S/M：
深褐色线，织3圈下针。
只针对L/XL/2XL：
下一圈：深褐色线，织下针。
加针行：（90针下针，加1针）×4

次。共364针。
下一圈：织下针。
只针对3XL/4XL/5XL：
下一圈：深褐色线，织下针。
加针行：（48针下针，加1针），括号内动作重复多次。共392针。
下一圈：织下针。
针对所有尺寸，织花样6的14针单元花样（从右往左读）×24（26，28）次。共12行。
只针对XS/S/M：
深褐色线，织3圈下针。
只针对L/XL/2XL：
下一圈：深褐色线，织下针。
加针行：（182针下针，加1针）×2次。共366针。
下一圈：织下针。
只针对3XL/4XL/5XL：
下一圈：深褐色线，织下针。
加针行：（98针下针，加1针）×4次。共396针。
下一圈：织下针。
针对所有尺寸，织花样7的6针单元花样（从右往左读）×56（61，66）次。共6行。
深褐色线，不加针不减针圈织下针，一直到距离折叠的衣领边缘40.5（45.5，51）cm。
分衣身片和袖片：
第一圈：62（68，72）针下针，将接下来的44（48，54）针放在大别针上，袖窿处起织8（12，16）针，织124（135，144）针下针，将接下来的44（48，54）针放在大别针上，袖窿处起织8（12，16）针，62（68，72）针下针。衣身片共264（294，320）针。
衣身片：接下来不加针不减针圈织下针，一直到距离分配位置18（20.5，23）cm。
只针对L/XL/2XL：
下一圈：（145针下针，左上2针并1针）×2次，共292针。
针对所有尺寸：换成4.0mm棒针，接下来织双罗纹花样，一直到衣身

片距离分片位置21.5（24，26.5）cm。收针。
袖片：织44（48，54）针。
4.5mm棒针，前面袖窿处起织了8（12，16）针，从正中间开始挑织4（6，8）针，织44（48，54）针下针，挑织袖窿处剩下的4（6，8）针。共52（60，70）针。连接成圈，第1针用记号扣标记。
圈织下针，一直到袖片长12.5（7.5，5）cm，接下来开始减针。
第1圈：1针下针，左上2针并1针，接下来织下针，一直到最后3针，右上2针并1针，1针下针。共50（58，68）针。
第2~4圈：织下针。
再重复上面4圈的动作1（3，6）次。共48（52，56）针。
继续不加针不减针圈织下针，一直到袖片长18（16.5，15）cm。
换成4.0mm棒针，织单罗纹花样，一直到袖片长23（21.5，20.5）cm。收针。

作品 5

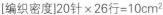

[编织密度]20针×26行=10cm²

[工　　具]4.0mm棒针和4.5mm棒针，记号扣，4个大别针

[编织要点]

毛衣是从领口往下一片编织而成的。

领口：颜色A（主色线），4.0mm棒针，起织76（84，88，88，92，96）针，第1针用记号扣标记。

织9圈单罗纹花样，最后1圈用记号扣标记。换成4.5mm棒针。

通过短行方式进行前领口调整：

注意：为了防止出现洞洞或空隙，当遇到掉头针时，挑起掉头针放在左针上，并和下一针一起织。

第1行：正面，12（12，15，15，18，18）针下针，掉头针。

第2行：12（12，15，15，18，18）针上针，移记号扣，12（12，15，15，18，18）针上针，掉头针。

第3行：12（12，15，15，18，18）针下针，移记号扣，24（24，30，30，36，36）针下针，掉头针。

第4行：24（24，30，30，36，36）针上针，移记号扣，24（24，30，30，36，36）针上针，掉头针。

第5行：24（24，30，30，36，36）针下针，移记号扣，36（36，45，45，54，54）针下针，掉头针。

第6行：36（36，45，45，54，54）针上针，移记号扣，36（36，45，45，54，54）针上针，掉头针。

第7行：36（36，45，45，54，54）针下针，共76（84，88，88，92，96）针。

织1圈下针。

育克：

下一圈（加针圈）：（2针下针，加1针），括号内动作重复多次。共114（126，132，132，138，144）针。

按照花样1（从右往左读）织3圈，6针单元花重复19（21，22，22，23，24）次。

下一圈（加针圈）：颜色B，（3针下针，加1针），括号内动作重复多次。共152（168，176，176，184，192）针。

按照花样2（从右往左读）织3圈，2针单元花重复76（84，88，88，92，96）次。

尺寸规格	XS/S	M	L	XL	2XL/3XL	4XL/5XL
主色线	700g	70g	800g	90g	1000g	1100g
其他颜色线	100g	100g	100g	100g	100g	100g
适合的胸围	71~86.5cm	91.5~96.5cm	101.5~106.5cm	112~117cm	122~137cm	142~157.5cm
完成的胸围	101.5cm	115.5cm	124.5cm	129.5cm	150cm	157.5cm

只针对XS/S/M/ L：
下一圈（加针圈）：颜色C，（3针下针，加1针）×4（4，8）次，（4针下针，加1针）×32（36，32）次，（3针下针，加1针）×4（4，8）次。共192（212，224）针。

只针对XL，2XL/3XL 和4XL/5XL：
下一圈（加针圈）：颜色C，（4针下针，加1针）×（4，8，6）次，（3针下针，加1针）×（48，40，48）次，（4针下针，加1针）×（4，8，6）次。共（232，240，252）针。

织完共192（212，224，232，240，252）针。

针对所有尺寸：
按照花样3（从右往左读）织7圈，4针单元花重复48（53，56，58，60，63）次。

下一圈（加针圈）：颜色C，[4（3，3，3，3，4）针下针，加1针]×12（14，16，12，8，12）次，[3（4，4，4，4，3）针下针，加1针]×32（32，32，40，48，52）次，[4（3，3，3，3，4）针下针，加1针]×12（14，16，12，8，12）次。共248（272，288，296，304，328）针。

按照花样4（从右往左读）织15圈，8针单元花重复31（34，36，37，38，41）次。

下一圈（加针圈）：颜色C，（4针下针，加1针）×6（14，36，34，38，12）次，[5（5，0，3，0，3）针下针，加1针]×40（32，0，8，0，52）次，（4针下针，加1针）×6（14，36，34，38，12）次，共300（332，360，372，380，420）针。

按照花样5（从右往左读）织8圈，4针单元花重复75（83，90，93，95，105）次。

只针对XS/S，L和XL：
下一圈：颜色C，织下针。

只针对M：

下一圈（加针圈）：颜色C，织下针，均匀加4针。共336针。

只针对2XL/3XL：
下一圈（加针圈）：颜色C，（11针下针，加1针）×28次，（12针下针，加1针）×6次，共414针。

只针对4XL/5XL：
下一圈（加针圈）：颜色C，（35针下针，加1针）×12次，共432针。

针对所有尺寸：按照花样6（从右往左读）织5圈，6针单元花重复50（56，60，62，69，72）次。

颜色A，接下来不加针不减针圈织下针，一直到距离领口标记圈20.5（20.5，21.5，21.5，23，24）cm。

接下来分成袖片和衣身片：
下一圈：48（54，58，61，70，74）针下针，接下来54（60，62，64，66，68）针作为右袖移到大别针上，袖窿处起织4（6，6，6，6，8）针，96（108，116，122，141，148）针下针，接下来54（60，62，64，66，68）针作为左袖移到大别针上，袖窿处起织4（6，6，6，6，8）针，48（54，58，61，70，74）针下针。衣身片共200（228，248，256，294，308）针。

衣身片：颜色A（主色线），接下来不加针不减针圈织下针，一直到30.5（30.5，30.5，33，35.5，38）cm。
织5cm长的双罗纹花样。

袖片：
颜色A（主色线），4.5mm棒针，前面袖窿起织了4（6，6，6，6，8）针，从正中间开始挑织2（3，3，3，3，4）针下针，第1针用记号扣标记为这圈的第1针，54（60，62，64，66，68）针下针，挑织袖窿处剩下的2（3，3，3，3，4）织下针，共58（66，68，70，72，76）针。圈织下针，一直到袖片长18（15，16.5，18，11.5，10）cm。

下一圈：右上2针并1针，织下针，一直到最后2针，左上2针并1针。共56（64，66，68，70，74）针。不加针不减针平织9（5，5，7，7，7）圈下针。
再重复上面10（6，6，8，8，8）圈的动作3（7，9，5，6，6）次。共50（50，50，58，58，62）针。

下一圈：右上2针并1针，织下针，一直到最后2针，左上2针并1针。共48（48，48，56，56，60）针。
接下来不加针不减针圈织下针，一直到距离腋下35.5cm。
织5cm长的双罗纹花样。收针。

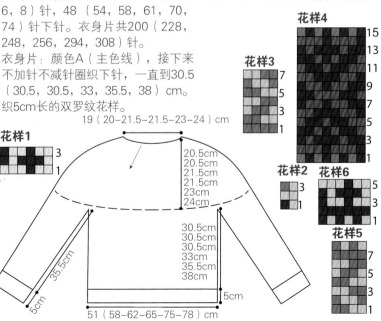

花样4
15
13
11
9
7
5
3
1

花样3
7
5
3
1

花样2
3
1

花样6
5
3
1

花样5
7
5
3
1

花样1
3
1

19（20–21.5–21.5–23–24）cm

20.5cm
20.5cm
21.5cm
21.5cm
23cm
24cm

30.5cm
30.5cm
30.5cm
33cm
35.5cm
38cm

5cm

5cm

35.5cm

51（58–62–65–75–78）cm

作品 6

[编织密度]20针×26行=10cm²

[工　　具]4.0mm棒针和4.5mm棒针，缝衣针，记号扣，
　　　　4个大别针

[编织要点]

注意：毛衣是从领口往下一片编织而成的。圈织毛衣，
为了织成开衫外套，前片正中间的衣襟边缘一共是6针
（每圈最开始的3针和最后的3针）。然后用灰色线从正
中间左右两边各两排用缝衣针缝合，从正中间剪断，分
离成左右两片。

衣身片：

领口边缘开始，灰色线，4.0mm棒针，起织100（104，
108，112，116，120）针，连接成圈，进行圈织，第1针
用记号扣标记。

第1圈：5针下针，（2针上针，1针下针），括号内动作重
复多次，最后3针织下针。

重复上面1圈的动作织4cm。

换成4.5mm棒针，按照如下方式处理加针圈：

只针对XS/S：35针下针，加1针，30针下针，
M1，35针下针。共102针。

只针对M：9针下针，（加1针，17针下针）×2
次，加1针，18针下针，（加1针，17针下针）×2
次，加1针，9针下针。共110针。

只针对L：9针下针，（加1针，18针下针）×5
次，加1针，9针下针。共118针。

只针对XL：4针下针，（加1针，8针下针）×13
次，加1针，4针下针。共126针。

只针对2XL/3XL：3针下针，（加1针，7针下针）
×4次，（加1针，6针下针）×9次，（加1针，7
针下针）×4次，M1，3针下针。共134针。

只针对4XL/5XL：3针下针，（加1针，5针下针）
×6次，（加1针，6针下针）×9次，（加1针，5
针下针）×6次，加1针，3针下针。共142针。

共102（110，118，126，134，142）针。

针对所有尺寸，通过短行方式进行前领口调整。

注意：为了防止出现洞洞或空隙，当遇到掉头针
时，挑起掉头针放在左针上，并和下一针一起织。

第1行：57（61，66，70，75，80）针下针，掉
头针。

第2行：12（12，14，14，16，18）针上针，掉
头针。

第3行：18（18，21，21，24，27）针下针，掉
头针。

第4行：24（24，28，28，32，36）针上针，掉
头针。

第5行：30（30，35，35，40，45）针下针，掉

尺寸规格	XS/S	M	L	XL	2XL/3XL	4XL/5XL
灰色线	700g	700g	800g	900g	1000g	1100g
金黄色线	100g	140g	140g	200g	250g	280g
湖蓝色线	100g	140g	140g	200g	250g	280g
浅灰色线	100g	100g	100g	100g	150g	150g
湖蓝色线	100g	100g	100g	100g	150g	150g
适合的胸围	71~86.5cm	91.5~96.5cm	101.5~106.5cm	112~117cm	122~137cm	142~157.5cm
完成的胸围	111.5cm	120.5cm	129.5cm	140cm	147.5cm	164cm

头针。

第6行：36（36，42，42，48，54）针上针，掉头针。

第7行：42（42，49，49，56，63）针下针，掉头针。

第8行：48（48，56，56，64，72）针上针，掉头针。

第9行：54（54，63，63，72，81）针下针，掉头针。

第10行：60（60，70，70，80，90）针上针，掉头针。

第11行：66（66，77，77，88，99）针下针，掉头针。

第12行：72（72，84，84，96，108）针上针，掉头针。

下一行：织下针。

下一行：4针下针，（加1针，2针下针），括号内动作重复多次，一直到最后4针，加1针，4针下针。共150（162，174，186，198，210）针。

接下来按照图表织花样，图表从右往左读，毛衣要缝合时，两边边缘缝合花样各3针。

接下来按照缝合花样1织1次，单元花样1织24（26，28，30，32，34）次，缝合花样1织1次。共5圈。

接下来按照缝合花样2织1次，单元花样2织24（26，28，30，32，34）次，缝合花样2织1次。共6圈。共174（188，202，216，230，244）针。

接下来按照缝合花样3织1次，单元花样3织24（26，28，30，32，34）次，缝合花样3织1次。共6圈。共198（214，230，246，262，278）针。

接下来按照缝合花样4织1次，单元花样4织24（26，28，30，32，34）次，缝合花样4织1次。共7圈。共222（240，258，276，294，312）针。

接下来按照缝合花样5织1次，单元花样5织24（26，28，30，

32，34）次，缝合花样5织1次。共10圈。共246（266，286，306，326，346）针。

接下来按照缝合花样6织1次，单元花样6织24（26，28，30，32，34）次，缝合花样6织1次。共10圈。共294（318，342，366，390，414）针。

接下来按照缝合花样7织1次，单元花样7织24（26，28，30，32，34）次，缝合花样7织1次。共16圈。共318（344，370，396，422，448）针。

灰色线，接下来不加针不减针平织下针，一直到距离领口中间25.5（25.5，28，28，28，30.5）cm。

分成衣身片和袖片：

下一圈：52（56，62，66，70，76）针下针，将接下来58（62，66，70，72，74）针作为右袖移到大别针上待用，袖窿处起织8（8，8，8，10，10）针，98（108，114，124，138，148）针下针（后片），将接下来58（62，66，70，72，74）针作为左袖移到大别针上待用，袖窿处起织8（8，8，8，10，10）针，52（56，62，66，70，76）针下针。衣身片共218（236，254，272，298，320）针。

衣身片：

接下来不加针不减针圈织下针，一直到距离分片位置28（28，28，30.5，33，35.5）cm。

只针对XS/S/L和2XL/3XL：

减针圈：70（83，99）针下针，左上2针并1针，74（84，96）针下针，左上2针并1针，织下针，一直到圈尾。共216（252，296）针。

针对所有尺寸：

换成4.0mm棒针。

下一圈：5针下针，（2针上针，

2针下针），括号内动作重复多次，一直到最后3针织下针。

重复最后1圈的动作织4cm长的双罗纹花样。收针。

袖片：

58（62，66，70，72，74）针。将大别针上的58（62，66，70，72，74）针移到棒针上，前面袖窿处起织了8（8，8，8，10，10）针，从正中间开始挑织4（4，4，4，5，5）针，记号扣标记为圈首，接下来挑织袖窿处剩下的4（4，4，4，5，5）针。共66（70，74，78，82，84）针。圈织。

接下来圈织下针，一直到袖片长度12.5（10，10，7.5，5，5）cm。

下一圈：1针下针，右上2针并1针，织下针，一直到最后3针，左上2针并1针，1针下针。共64（68，72，76，80，82）针。接下来不加针不减针圈织5（5，4，4，4，4）圈下针。再重复最后6（6，5，5，5，5）圈的动作8（1012，12，12，11）次，共48（48，48，52，56，60）针。

继续不加针不减针圈织下针，一直到距离分片位置38（38，35.5，35.5，35.5，33）cm。换成4.0mm棒针。

下一圈：（2针下针，2针上针），括号内动作重复多次。

重复最后1圈的动作织4cm的双罗纹花样。收针。

调整成开衫外套：

缝合的裁剪线位于毛衣的前部正中间位置，在每圈的第1针和最后1针之间。用灰色线和缝衣针，按照图示进行4排（裁剪线左右两边各两排）的短的全回针绣方法，使用端的针法，确保每股线里都交叉。然后小心地将每圈的第1针和最后1针间的线圈剪断。一旦剪断，沿着边缘进行挑织。

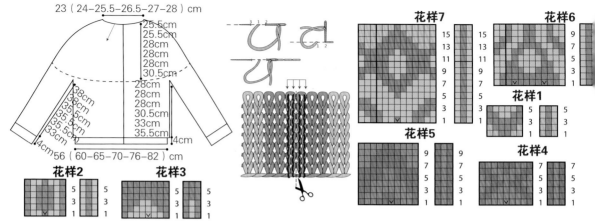

23（24-25.5-26.5-27-28）cm

花样7　花样6

花样1

花样5

花样4

花样2　花样3

作品 7

[编织密度]11针×14行=10cm²

[工　　具]6.5mm棒针和8.0mm棒针，大别针，
记号扣

[编织要点]

领口：黄色线，6.5mm棒针，起织44（46，48，48，50，50）针，连接成圈，进行圈织。第1针（后片正中间）用记号扣标记。

织4圈单罗纹花样。

换成8.0mm棒针。

只针对XL：下一圈：（12针下针，加1针）×4次，共52针。

只针对2XL/3XL和4XL/5XL：下一圈：（6针下针，加1针）×8次，2针下针，共58针。

只针对4XL/5Xl：下一圈：（7针下针，加1针）×8次，2针下针，共66针。

针对所有尺寸：采用短行的方式调整前领。

注意：为了防止出现洞洞或空隙，当遇到掉头针时，挑起掉头针放在左针上，并和下1针一起织。

下一行：11（11，12，12，13，13）针下针，下针行掉头针。

下一行：22（22，24，24，26，26）针上针，上针行掉头针。

下一行：20（20，22，22，24，24）针下针，下针行掉头针。

下一行：18（18，20，20，22，22）针上针，上针行掉头针。

下一行：织下针到记号扣标记位置。

尺寸规格	XS/S	M	L	XL	2XL/3XL	4XL/5XL
黄色线	600g	700g	700g	800g	900g	1000g
湖蓝色线	100g	100g	100g	100g	100g	100g
白色线	100g	100g	100g	100g	100g	100g
适合的胸围	71~86.5cm	91.5~96.5cm	101.5~106.5cm	112~117cm	122~137cm	142~157.5cm
完成的胸围	106.5cm	117cm	122 cm	129.5cm	147.5cm	170cm

下一圈：织下针。

接下来按照图表织花样，图表从右往左读。

只针对XS/S：按照图表单元花织30圈，单元花每圈重复22次，共176针。

只针对M和L：按照图表单元花织32圈，单元花每圈重复23（24）次，共184（192）针。

只针对XL和2XL/3XL：按照图表单元花织34圈，单元花每圈重复26（29）次，共208（232）针。

只针对4XL/5XL：按照图表单元花织35圈，单元花每圈重复33次，共264针。

针对所有尺寸：分衣身片和袖片。

下一圈：黄色线，27（29，30，32，36，42）针下针，接下来的34（34，36，40，44，48）针作为左袖移到大别针上待用，袖窿处起织4（6，6，6，8，8）针，54（58，60，64，72，84）针下针（前片），接下来的34（34，36，40，44，48）针作为右袖移到大别针上待用，袖窿处起织4（6，6，6，8，8）针，27（29，30，32，36，42）针下针。衣身片共116（128，132，140，160，184）针。

衣身片：
不加针不减针圈织下针，一直到距离分片位置33（33，33，33，34.5，34.5）cm。换成6.5mm棒针。

接下来织7.5mm的单罗纹花样。收针。

袖片：34（34，36，40，44，48）针，8.0mm棒针，黄色线，前面袖窿处起织了4（6，6，6，8，8）针，从正中间开始挑织2（3，3，3，4，4）

针下针，34（34，36，40，44，48）针下针，挑织袖窿处剩下的2（3，3，3，4，4）针下针，连接成圈进行圈织。第1针用记号扣标记。共38（40，42，46，52，56）针。

不加针不减针圈织下针一直到袖片长28（28，28，26.5，26.5，24）cm。

只针对XS/S：
下一圈：左上2针并1针，（2针下针，左上2针并1针）×9次。共29针。

下一圈：织下针。

下一圈：（1针下针，左上2针并1针）×9次，2针下针，共20针。

下一圈：织下针。

只针对M：
下一圈：（左上2针并1针，2针下针）×10次，共30针。

下一圈：织下针。

下一圈：（左上2针并1针，1针下针）×10次，共20针。

下一圈：织下针。

只针对L：
下一圈：（2针下针，左上2针并1针）×10次，2针下针。共32针。

下一圈：织下针。

下一圈：（1针下针，左上2针并1针）×10次，2针下针，共22针。

下一圈：织下针。

只针对XL：
下一圈：（左上2针并1针，2针下针）×11次，左上2针并1针，共34针。

下一圈：织下针。

下一圈：（左上2针并1针，1针下针）×10次，（左上2针并1针

×2次，共22针。

下一圈：织下针。

只针对2XL/3XL：
下一圈：（左上2针并1针，2针下针）×12次，（左上2针并1针）×2次，共38针。

下一圈：织下针。

下一圈：（左上2针并1针，1针下针，左上2针并1针×2次，1针下针）×4次，（左上2针并1针，1针下针）×2次，共24针。

下一圈：织下针。

只针对4XL/5XL：
下一圈：[（左上2针并1针，2针下针）×3次，（左上2针并1针）×2次，2针下针]×3次，左上2针并1针，共40针。

下一圈：织下针。

下一圈：（左上2针并1针，1针下针）×8次，共24针。

下一圈：织下针。

针对所有尺寸：
袖口换成6.5mm棒针，接下来织6.5mm的单罗纹花样。收针。

花样

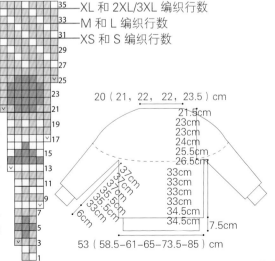

35 —— XL 和 2XL/3XL 编织行数
33 —— M 和 L 编织行数
31 —— XS 和 S 编织行数

20（21，22，22，23.5）cm
21.5cm
23cm
23cm
24cm
25.5cm
26.5cm

37cm
37cm
35.5cm
35.5cm
33cm

33cm
33cm
33cm
33cm
34.5cm
34.5cm

6cm
7.5cm

53（58.5-61-65-73.5-85）cm

作品 8

[编织密度]15针×20行=10cm²

[工　具]5.5mm棒针和6.0mm棒针，记号扣，4个大别针

[编织要点]

条纹花样图案：

颜色A（紫色线）6行

颜色D（紫红色线）2行

颜色B（蓝色线）6行

颜色D（紫红色线）2行

颜色C（墨绿色线）6行

颜色D（紫红色线）2行

条纹花样一共24行。

育克：

领口边缘开织，颜色A，6.0mm棒针，起织35（39，41，43，51，55）针。

准备行：3针下针，记号扣标记，2针下针，记号扣标记，25（29，31，33，41，45）针下针，记号扣标记，2针下针，记号扣标记，接下来织下针，一直到行尾。

下一行：织上针。

接下来开始加针：

第1行：（织下针，一直到记号扣标记的前1针，右加针，移记号扣，1针下针，左加针）×4次，接下来织下针，一直到行尾。共43（47，49，51，59，63）针。

第2，4，6行：织上针。

第3行：同第1行。共51（55，57，59，67，71）针。

第5行：2针下针，左加针，（织下针，一直到记号扣标记的前1针，右加针，移记号扣，1针下针，左加针）×4次，接下来织下针，一直到最后2针，右加针，2针下针。共61（65，67，69，77，81）针。

第1个8行条纹花样完成，继续织条纹花样，再重复第1~6行的动作5（6，6，7，7，8）次，最后1次重复，以第6（2，6，2，6，6）行结束。共191（203，223，233，259，289）针。

接下来分衣身片和袖片：

下一行：27（28，31，32，35，39）针下针，将接下来的38（40，44，46，50，56）针移到大别针上作为袖片待用，袖窿处起织6（8，10，12，16，18）针，61（67，73，77，89，99）针下针，将接下来的38（40，44，46，50，56）针移到大别针上作为袖片待用，袖窿处起织6（8，10，12，16，18）针，27（28，31，32，35，39）针下针。衣身片共127（139，155，165，191，213）针。

衣身片：

继续织条纹花样，一直到距离袖窿长30.5（30.5，32，33，34.5，35.5）cm。以条纹花样的第6行、第14行或者第22行结束。

下摆的罗纹花样：

换成墨绿色线，5.5mm棒针织5cm长的扭针单罗纹花样，以正面行结束。收针。

袖片：

继续织条纹花样，前面袖窿起织6（8，10，12，16，18）针，从正中间开始挑织3（4，5，6，8，9）针下针，大别针上的38（40，44，46，50，56）针织下针，挑织袖窿处剩下的3（4，5，6，8，9）针下针，圈织。第1针用记号扣标记。共44

尺寸规格	XS/S	M	L	XL	2XL/3XL	4XL/5XL
紫红色线	150g	150g	200g	200g	250g	300g
紫色线	150g	150g	200g	200g	250g	300g
墨绿色线	150g	150g	200g	200g	250g	300g
蓝色线	150g	150g	200g	200g	250g	300g
适合的胸围	71~86.5cm	91.5~96.5cm	101.5~106.5cm	112~117cm	122~137cm	142~157.5cm
完成的胸围	91.5cm	101.5cm	112cm	122cm	142cm	162.5cm

（48，54，58，66，74）针。
继续织条纹花样，圈织，一直到袖片距离分片位置18（16.5，15，14，12.5，10）cm。
边缘调整：
第1圈：1针下针，左上2针并1针，接下来织下针，一直到最后3针，右上2针并1针，1针下针。
共42（46，52，56，64，72）针。
第2~4圈：织下针。
再重复上面4圈的动作3（4，6，7，7，9）次，共36（38，40，42，50，54）针。
继续织条纹花样，一直到袖片

距离分片位置30.5（30.5，29，28，28，25.5）cm，以条纹花样的第6行、第14行或者第22行结束。
罗纹花样：
换成墨绿色线，5.5cm棒针织5cm长的扭针单罗纹花样，收针。
领口衣襟：
5.5mm棒针，颜色B，沿着右前片到袖片挑织100（104，110，114，118，122）针，沿着袖片上面和后领口边缘挑织29（33，35，37，45，49）针，沿着左前片挑织100（104，110，114，

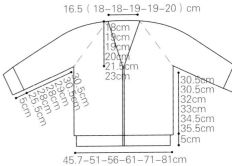

16.5（18—18—19—19—20）cm

18cm
19cm
19cm
20cm
21.5cm
23cm

30.5cm
30.5cm
28cm
29cm
25.5cm
5cm

30.5cm
30.5cm
32
33
34.5cm
35.5cm
5cm

45.7—51—56—61—71—81cm

118，122）针，共229（241，255，265，281，293）针。
织4cm长的扭针单罗纹花样，以正面行结束。收针。

作品9

尺寸规格	XS/S	M/L	XL/2XL	3XL/4XL
主色线	300g	400g	500g	500g
深绿色线	100g	100g	100g	100g
蓝色线	50g	50g	50g	50g
完成的下摆长度	137cm	162cm	188cm	215cm
从领口往下总长度	60cm	60cm	60cm	60cm

[编织密度]19针×25行=10cm²
　　　　　（4.0mm棒针织平针的密度）
　　　　　19针×23行=10cm²
　　　　　（4.5mm棒针织下针的密度）

[工具]3.75mm棒针，4.0mm棒针和
　　　4.5mm棒针

[编织要点]
此披肩是从上往下一片编织而成的。
双罗纹花样（4针的倍数）：
第1圈：（2针下针，2针上针），括号内动作重复多次。
重复第1圈的动作形成双罗纹花样。
3.75mm棒针，起织120（128，132，140）针，圈织。第1针用记号扣标记。
衣领：织10cm长的双罗纹花样。
衣身片：
换成4.0mm棒针，织1圈下针。
只针对XS/S和M/L：
加针行：[3（2）针下针，

加1针]×40（64）次。共160（192）针。
只针对XL/2XL：
加针行：（加1针，2针下针）×20次，（加1针，1针下针）×51次，（加1针，2针下针）×20次，加1针，1针下针。共加了92针。共224针。
只针对3XL/4XL尺寸：
加针行：（加1针，2针下针）×12次，（加1针，1针下针）×91次，（加1针，2针下针）×12次，加1针，1针下针。共加了116针。共256针。
针对所有尺寸：
换成4.0mm棒针，织11圈下针。

换成4.5mm棒针织，单元菱形花样，单元花样每圈重复20（24，28，32）次，共13圈。花样完成后换成4.0mm棒针，主色线，织2圈下针。
加针段：
加针圈1：[加1针，5（4，4，4）针下针]×32（48，56，64）次，共192（240，280，320）针。
织7圈下针。
加针圈2：[加1针，6（6，7，8）针下针]×32（40，40，40）次，共224（280，320，360）针。
织7圈下针。

加针圈3：0（16，0，0）下针，[加1针，7（10，10，9）针下针]×32（24，32，40）次，共256（304，352，400）针。
接下来不加针不减针织平针，一直到距离起针位置50cm长。
换成4.5mm棒针，织单元菱形花样，单元花样每圈重复32（38，44，50）次。共13圈。
花样完成后换成4.0mm棒针，主色线，织10圈下针。
下摆：
换成3.75mm棒针，织5圈双罗纹花样。收针。

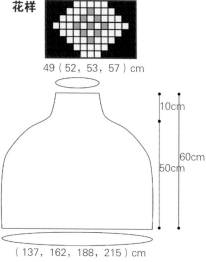

花样

49（52，53，57）cm

10cm

60cm

50cm

（137，162，188，215）cm

作品10

披肩	S/M	L/XL	2XL/3XL
完成的领口长	68.5cm	71cm	73.5cm
完成的下边缘长	122cm	133.5cm	141cm
高度	35.5cm	38cm	40.5cm

袖套	S	M	L	X
手腕长	15cm	18cm	20.5cm	23cm
上臂周长	23cm	25.5cm	26.5cm	29cm
袖长	37cm	39.5cm	42cm	45.5 cm

[编织密度]11针×14行=10cm²
（5.5mm棒针织平针的密度）
18针×24行=10cm²
（4.5mm棒针织平针的密度）
[工　　具]披肩：5.5mm棒针和5.0mm棒针
袖套：4.5mm棒针
[材　　料]红色羊毛线（200g，210g，210g，220g），灰色羊毛线80g
[编织要点]
技巧：I-cord收针法：正面朝上，起织3针到左针上，（2针下针，通过后半线圈以下针的方式将2针织在一起，将这3针滑回到左针上），括号内的动作重复多次，一直到剩下3针，用普通方式将这3针收掉。
双罗纹花样：
第1圈：（2针下针，2针上针），括号内重复多次。重复上面1圈的动作。
注意：
（1）披肩是从领口往下圈织平针。
（2）袖套是从上臂往下圈织。
披肩：
5.0mm棒针，红色羊毛线，起织108（112，116）针，第1针用记号扣标记，连接成圈，进行圈织。

花样1

4针一重复

领口双罗纹花样：
织6.5cm长的双罗纹花样。
换成5.5mm棒针。
第1圈（加针圈）：[5（4，3）针下针，加1针]×12（14，28）次，[6（4，4）针下针，加1针]×（14，8）次，共128（140，152）针。
第2~4圈：织下针。开始织花样，织4圈。
第1圈和第2圈：（红色羊毛线织2针下针，换成灰色羊毛线织2针下针），括号内动作重复多次。
第3圈和第4圈：（灰色线织2针下针，换成红色羊毛线织2针下针），括号内动作重复多次。

灰色羊毛线断线，留下长的一段用于缝合。
接下来红色羊毛线织5圈下针。
下一圈（加针圈）：[3（4，3）针下针，加1针]×8（30，8）次，[4（5，4）针下针，加1针]×26（4，32）次，共162（174，192）针。
开始织花样2，织5圈。织完灰色羊毛线断线，留下长的一段用于缝合。

花样2

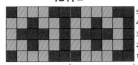

6针一重复

接下来红色羊毛线织7圈下针。
下一圈（加针圈）：[5（4，6）针下针，加1针]×18（6，18）次，[6（5，7）针下针，加1针]×12（30，12）次，共192（210，222）针。
开始织花样3，织10圈。织完灰色羊毛线断线，留下长的一段用于缝合。

花样3

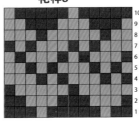

下一圈：红色羊毛线，织下针。
重复上面1圈的动作，一直到34.5（37，39.5）cm。
用I-cord收针法收针。
断线，留下长的一段用于缝合。
袖套×2个：
4.5mm棒针，灰色羊毛线，起织40（44，48，52）针。连接成圈进行圈织。第1针用记号扣标记。
上端双罗纹花样：
织6.5cm长的双罗纹花样。
接下来的8（9，10，11）圈：织下针。
下一圈（减针行）：1针下针，右上2针并1针，接下来织下针，一直到最后3针，左上2针并1针，1针下针。共38（42，46，50）

针。
再重复上面9（10，11，12）圈的动作5次。共28（32，36，40）针。
下一圈：织下针。
重复上面1圈的动作，一直到30.5（33，35.5，39.5）cm长。
拇指开口：
第1圈：4针下针，收8针，接下来织下针到圈尾。共20（24，28，32）针。
第2圈：4针下针，上面收针位置起织8针，接下来织下针到圈尾。共28（32，36，40）针。
接下来织4圈下针。
接下来织花样1，织4圈。
红色羊毛线断线，留下长的一段用于缝合。
下一圈：灰色羊毛线，织下针。
重复上面1圈的动作，一直到距离开口位置5cm长。
用I-cord收针法收针。
收针断线，留下长的一段用于缝合。

作品 11

[编织密度]20针×26行=10cm²
[工　　具]4.0mm棒针，大别针，记号扣

编织要点]
毛衣是从领口往下编织而成的。
起织100（104，108）针，连接成圈。第1针用记号扣标记为这圈开始第1针。
第1圈：正面，（1针下针，1针上针），括号内动作重复多次。
再重复上面1圈的单罗纹花样3次。
按照下面方式处理：
只针对XS/M和2XL/3XL：
第1圈：[5（3）针下针，加1针]×20（36）次。共120（144）针。
只针对L/XL：
第1圈：6针下针，（加1针，4针下针）×24次，最后2针织下针。共128针。
针对所有尺寸：
平织7（7，6）圈下针。

下一圈：（4针下针，加1针）×30（32，36）次。共150（160，180）针。
平织7（7，6）圈下针。
下一圈：（5针下针，加1针）×30（32，36）次，共180（192，216）针。
平织7（7，6）圈下针。
下一圈：（6针下针，加1针）×30（32，36）次，共210（224，252）针。
平织7（7，6）圈下针。
下一圈：（7针下针，加1针）×30（32，36）次，共240（256，288）针。
平织7（7，6）圈下针。
下一圈：（8针下针，加1针）×30（32，36）次，共270

（288，324）针。
平织7（7，6）圈下针。
下一圈：（9针下针，加1针）×30（32，36）次。共300（320，360）针。
平织7（7，6）圈下针。
下一圈：（10针下针，加1针）×30（32，36）次。共330（352，396）针。
平织4（7，6）圈下针。
只针对L/XL和2XL/3XL：
下一圈：（11针下针，加1针）×（32，36）次。共（384，432）针。
平织（2，5）圈下针。
接下来分成衣身片和袖片：
下一圈：[95（112，126）针下针，接下来的70（80，90）针移到大别针上作为袖片待用，袖窿处起织6针]×2次，衣身片共202

尺寸规格	XS/M	L/XL	2XL/3XL
用线	400g	500g	600g
测量的胸围	71~86.5cm	91.5~96.5cm	101.5~106.5cm
完成的胸围	96.5cm	114.5cm	127cm

（236，264）针。
衣身片：
平织下针，一直到距离袖窿35.5cm处。
织6圈单罗纹花样，收针。
袖片：70（80，90）针。
挑织前面袖窿处起织的6针，连接成圈，进行圈织。第1针用记号扣标记。共76（86，96）针，织4圈单罗纹花样，收针。

作品12

[编织密度]15针×20行=10cm²
[工　　具]5.5mm和6.0mm棒针，
　　　　　记号扣，大别针
[编织要点]
毛衣是从领口往下编织而成的。
领口：5.5mm棒针，起织62（64，68，72，76，76）针，连接成圈，第1针用记号扣标记。织12.5cm的单罗纹花样。

然后换成6.0mm棒针。
第1圈：[1针下针，加1针，23（24，26，28，30，30）针下针，加1针，记号扣标记，1针下针，加1针，2针下针，加1针，记号扣标记]×2次，注意最后的1个记号扣标记位置在这圈的开始。加了8针。共70（72，76，80，84，84）针。
第2圈：织下针。
第3圈：（1针下针，加1针，织下针到下一个记号扣，加1针，移记号扣）×4次，加了8针。共78（80，84，88，92，92）针。
第4圈：织下针。再重复上面2圈的动作18（19，22，23，23，19）次。共222（232，260，272，276，244）针。
接下来按照如下方式处理：
下一圈：（1针下针，加1针，织下针到下一个记号扣，加1针，

编织符号说明：
M1=（加1针）从下方挑针的方式加1针，可分从右侧或左侧
K2tog=左上2针并1针。用正针法将2针织在一起（减1针）
K3tog=左上3针并1针。用正针法将3针织在一起（减2针）

移记号扣，织下针到下一个记号扣，移记号扣）×2次，加了4针。共226（236，264，276，280，248）针。
下一圈：织下针。
下一圈：（1针下针，加1针，织下针到下一个记号扣，加1针，移记号扣）×4次，加了8针。共234（244，272，284，288，256）针。
下一圈：织下针。
再重复上面4圈的动作3（3，3，2，2，4）次，共270（280，308，308，312，

尺寸规格	XS/S	M	L	XL	2XL/3XL	4XL/5XL
用线	500g	600g	700g	750g	850g	1000g
适合的胸围	71~86.5cm	91.5~96.5cm	101.5~106.5cm	112~117cm	122~137cm	142~157.5cm
完成的胸围	117cm	122cm	132cm	144.5cm	147.5cm	165cm

304）针。

只针对ＸＬ，２ＸＬ／３ＸＬ，４ＸＬ／５ＸＬ：

下一圈：（1针下针，加1针，织下针到下一个记号扣，加1针，移记号扣，织下针到下一个记号扣，移记号扣）×2次，加了4针。共（312，316，308）针。

下一圈：（1针下针，加1针，织下针到下一个记号扣，加1针，移记号扣）×4次，加了8针。共（320，324，316）针。

再重复上面2圈的动作（1，2，4）次，共（332，348，364）针。

共270（280，308，332，348，364）针。移除记号扣。

平织下针距离领口单罗纹花样32（33，34.5，35.5，37，38.5）cm。

分衣身片和袖片：

织83（86，94，102，108，116）针下针作为后片，将接下来52（54，60，64，66，66）针移到大别针上作为左袖待用，袖窿处起织4（4，4，6，6，6）针，织83（86，94，102，108，116）针下针作为

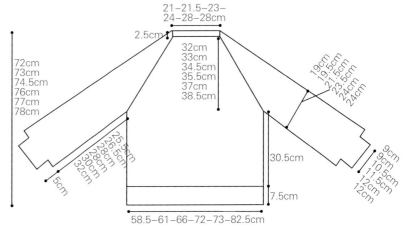

前片，将接下来52（54，60，64，66，66）针移到大别针上作为右袖待用，袖窿处起织4（4，4，6，6，6）针，连接成圈，第1针用记号扣标记。衣身片共174（180，196，216，228，244）针。

衣身片：

平织下针一直到距离分片位置30.5cm长。

接下来织7.5cm长的单罗纹花样。收针。

袖片：

52（54，60，64，66，66）针下针，起织2（2，2，3，3，3）针，记号扣标记作为第1

针，起织2（2，2，3，3，3）针，共56（58，64，70，72，72）针。

平织下针，一直到距离分片位置25.5（26.5，28，28，30，32）cm长。

下一圈：（左上2针并1针），括号内动作重复多次，一直到最后0（6，0，6，0，0）圈，左上3针并1针×0（2，0，2，0，0）次，共28（28，32，34，36，36）针。

接下来织5cm长的单罗纹花样。

松散收针。

缝合袖窿边缝。

作品13

[编织密度]20针×26行=10cm²

[工　具]5.5mm棒针，6.0mm棒针，大别针，记号扣

[编织要点]

身片和袖片分别从下往上一片圈织，一直到袖窿处。

衣身片：

深灰色线，5.5mm棒针，起织148（180，212，244）针，圈织。第1针用记号扣标记。

第1圈：（2针下针，2针上针），括号内动作重复多次。

重复上面1圈的双罗纹花样10cm。

最后1圈均匀加2（0，2，0）针，共150（180，214，244）针。

换成6.0mm棒针，圈织下针，一直到40.5（42，43，43）cm。

下一圈：深灰色线，[8（10，12，12）针下针并移到大别针上作为袖窿待用，67（80，95，108）针下针]×2次，

袖片：

深灰色线，起织40（44，48，48）针，连接成圈，进行圈织。第1针用记号扣标记。

织2圈双罗纹花样。

换成6.0mm棒针，圈织下针。

接下来两端各加1针，然后每8（6，4，2）圈两端各加1针，一直到50（56，60，58）针，然后每10（8，6，4）圈加1针，一直到52（60，68，76）针。

接下来平织下针，一直到袖片长44.5cm。

下一圈：4（5，6，7）针下针，将大别针上的8（10，12，14）针移到棒针上，44（50，56，62）针下针。留下大约30cm长用于缝合腋下。将针目移到空棒针上。

腋下缝合方法：

育克：

深灰色线，6.0mm棒针，[袖片的44（50，56，62）针织下针，最后1针用记号扣标记，衣身片67（80，95，108）针织下针，最后1针用记号扣标记]×2次，共222（260，302，340）针。

下一圈：6（0，6，0）针下针，[27（26，37，34）针下针，加1针]，括号内动作重复多次。共230（270，310，350）针。

接下来按照花样织（从右往左读），10针单元花样重复23（27，31，35）次。织完共92（108，124，140）针。

下一圈：深灰色线，2（8，4，0）针下针，[7（8，10，12）针下针，左上2针并1针]，中括号内的动作重复多次。共82（98，114，130）针。不加针不减针织0（2，1，1）圈下针。

下一圈：2（8，4，0）针下针，[6（7，9，11）针下针，左上2针并1针]，中括号内的动作重复多次。共72（88，104，120）针。

平织0（2，1，1）圈下针。

只针对L/XL，2XL/3XL和4XL/5XL：

下一圈：[（8，4，0）针下针，左上2针并1针，（6，9，10）针下针，左上2针并1针]，中括号内的动作重复多次。共（78，94，110）针。

平织（0，1，2）圈下针。

只针对2XL/3XL和4XL/5XL：

下一圈：（4，0）针下针，[（8，9）针下针，左上2针并1针]，中括号内的动作重复多次。共（84，100）针。

平织（1，2）圈下针。

只针对4XL/5XL：

下一圈：（8针下针，左上2针并1针），括号内的动作重复多次。共90针。

针对所有尺寸：共72（78，84，90）针。

衣领：换成5.5mm棒针，深灰色线，织12.5cm长的双罗纹花样。

收针。

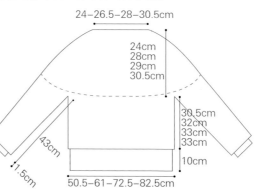

24-26.5-28-30.5cm

24cm
28cm
29cm
30.5cm

43cm

1.5cm

50.5-61-72.5-82.5cm

30.5cm
32cm
33cm
33cm

10cm

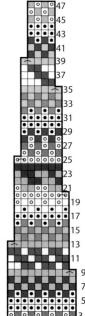

花样

尺寸规格	XS/S	L/XL	2XL/3XL	4XL/5XL
黑色线	800g	1000g	1100g	1200g
其他颜色线	100g	100g	100g	100g
测量的胸围	71~96.5cm	101.5~117cm	122~137cm	142~157.5cm
完成的胸围	101.5cm	122cm	145cm	165cm

[编织密度]15针×19行=10cm²

[工　　具]5.5mm棒针和6.0mm棒针，记号扣，4个大别针

[编织要点]

衣身片和袖片是从下往上圈织一直到袖窿处，然后分片。

衣身片：

青色线，5.5mm棒针，起织150（162，180，192，222，252）针，圈织。第1针用记号扣标记。

第1圈：正面，（3针下针，3针上针），括号内动作重复多次。

重复上面1圈的罗纹花样5cm。

最后1圈均匀减8（6，8，6，6，8）针，共142（156，172，186，216，244）针。

换成6.0mm棒针，圈织下针，一直到34（34，35.5，35.5，38，38）cm。

下一圈：[6（6，6，8，8，10）针下针并移到大别针上作为袖窿待用，65（72，80，85，100，112）针下针]×2次。将针目放在一个空棒针上待用。

袖片：

青色线，起织48（48，54，54，60，60）针，连接成圈，进行圈织。第1针用记号扣标记。

第1圈：正面，（3针下针，3针上针），括号内重复多次。

重复上面1圈的罗纹花样5cm。

最后1圈均匀加0（0，2，2，4，4）针，共48（48，56，56，64，64）针。

换成6.0mm棒针，按照如下方式处理。

按照平针（从右往左读），8针的单元花重复6（6，7，7，8，8）次。共9圈。

青色线，织2圈下针。

作品 14

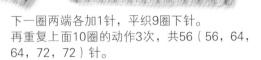

下一圈两端各加1针，平织9圈下针。

再重复上面10圈的动作3次，共56（56，64，64，72，72）针。

继续平织，一直到袖片长42cm。

下一圈：

3（3，3，4，4，5）针下针并移到大别针上，接下来织下针到圈尾并将最后的3（3，4，4，5）针移到前面大别针上，大别针上共6（6，6，8，8，10）针作为腋下缝合待用，棒针上共50（50，58，56，64，62）针。

缝合腋下的方法示意图：

尺寸规格	XS/S	M	L	XL	2XL/3XL	4XL/5XL
青色线	400g	500g	600g	700g	800g	900g
白色线	100g	100g	100g	100g	200g	200g
褐色线	100g	100g	100g	100g	200g	200g
深绿色线	100g	100g	100g	100g	100g	100g
测量的胸围	71~86.5cm	91.5~96.5cm	101.5~106.5cm	112~117cm	122~137cm	142~157.5cm
完成的胸围	96.5cm	106.5cm	117cm	127cm	147.5cm	165cm

育克：

第1圈：青色线，6.0mm棒针，[袖片上的50（50，58，56，64，62）针织下针，衣身片上的65（72，80，85，100，112）针织下针]×2次，连接成圈，进行圈织，第1针用记号扣标记。共230（244，276，282，328，348）针。

第2圈：[14（22，21，45，27，27）针下针，左上2针并1针]×14（10，12，6，11，12）次，最后6（4，0，0，9，0）针织下针。共216（234，264，276，317，336）针。

只针对L，XL，2XL/3XL和4XL/5XL：

下一圈：织下针。

下一圈：[（20，44，26，26）针下针，左上2针并1针]×（12，6，11，12）次，最后（0，0，9，0）针织下针。共（252，270，306，324）针。

平织（0，1，2，2）圈下针。

针对所有尺寸：

按照花样2织平针（从右往左读），18针的单元花重复12（13，14，15，17，18）次。共45圈。织完共96（104，112，120，136，144）针。

下一圈：青色线，[6（5，3，3，2，2）针下针，左上2针并1针]×12（14，22，24，34，36）次，最后0（6，2，0，0，0）针织下针。织完共84（90，90，96，102，108）针。换成5.5mm棒针。

第1圈：正面，（3针下针，3针上针），括号内动作重复多次。

重复上面1圈的罗纹花样11.5cm。收针。

花样1

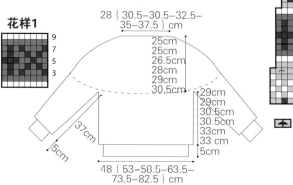

28（30.5-30.5-32.5-35-37.5）cm
25cm
25cm
26.5cm
28cm
29cm
30.5cm
29cm
29cm
30.5cm
30.5cm
33cm
33 cm
5cm
37cm
5cm
48（53-58.5-63.5-73.5-82.5）cm

花样2

45
43
41
39
37
35
33
31
29
27
25
23
21
19
17
15
13
11
9
7
5
3
1

作品 15

[编织密度]20针×26行=10cm²

[工　具]4.0mm棒针和4.5mm棒针，记号扣，4个大别针

[编织要点]

衣身片：

衣身片是从下往上一片圈织到袖窿处。

主色线，4.0mm棒针，起织200（220，232，264，288，324）针，圈织。

第1圈：（2针下针，2针上针），括号内动作重复多次。重复上面1圈的双罗纹花样6.5cm。最后1圈均匀加0（0，2，0，2，0）针，共200（220，234，264，290，324）针。

换成4.5mm棒针，圈织下针，一直到39.5（40.5，42，42，43，43）cm。

下一圈：5针下针，将这5针和

上面1圈最后5针共10针一起移到大别针上作为袖窿待用，90（100，107，122，135，152）针下针，10针下针并移到大别针上作为袖窿待用，90（100，107，122，135，152）针下针。不要断线。棒针上共180（200，214，244，270，304）针。

袖片：

主色线，4.0mm棒针，起织44（44，48，48，48，52）针，连接成圈，进行圈织。第1针用记号扣标记。

第1圈：（2针下针，2针上针），括号内动作重复多次。重复上面1圈的双罗纹花样

女款尺寸规格	XS/S	M	L	XL	2XL/3XL	4XL/5XL
深绿色线	600g	700g	800g	900g	1000g	1200g
配色线（3种）	100g	100g	100g	100g	100g	100g
男款尺寸规格	XS/S	M	L	XL	2XL/3XL	4XL/5XL
深灰色线	700g	800g	900g	1000g	1100g	1300g
配色线（3种）	100g	100g	100g	100g	100g	100g
适合的胸围	71~86.5cm	91.5~96.5cm	101.5~106.5cm	112~117cm	122~137cm	142~157.5cm
完成的胸围	101.5cm	112cm	119.5cm	134.5cm	147.5cm	165cm

5cm。

最后1圈均匀加6针，共50（50，54，54，54，58）针。

换成4.5mm棒针，圈织下针。

第5圈两端各加1针，接下来每8（6，6，6，6，6）圈两端各加1针，一直到70（68，72，82，82，86）针。

只针对M和L：接下来每8圈两端各加1针，一直到（74，78）针。

针对所有尺寸：

只针对女式毛衣款：不加针不减针圈织下针，一直到袖片长44.5cm。

只针对男式毛衣款：不加针不减针圈织下针，一直到袖片长47cm。

针对所有款：

下一圈：5针下针，将这5针和上面一圈最后5针共10针一起移到大别针上作为袖窿待用，留下一段30.5cm的线用于缝合腋下。棒针上剩下60（64，68，72，72，76）针。

腋下缝合方法：

育克：

第1圈：主色线，4.5mm棒针，[袖片上的60（64，68，72，72，76）针

织下针，衣身片上的90（100，107，122，135，152）针织下针]×2次，连接成圈，进行圈织，第1针用记号扣标记。共300（328，350，388，414，456）针。

第2圈：[6（11，10，20，21，13）针下针，左上2针并1针]×36（24，29，17，18，30）次，最后12（16，2，14，0，6）针织下针。共264（304，321，371，396，426）针。

只针对M，L，XL，2XL/3XL和4XL/5XL：

下一圈：织下针。

下一圈：[（8，7，16，12，13）针下针，左上2针并1针]×（28，33，20，28，28）次，最后（24，24，11，4，6）针织下针。共（276，288，351，368，398）针。

只针对XL，2XL/3XL和4XL/5XL：

下一圈：织下针。

下一圈：[（11，16，13）针下针，左上2针并1针]×（27，20，26）次，最后（0，8，8）针织下针。共（324，348，372）针。

针对所有尺寸：

下一圈：织下针。共264（276，288，324，348，372）针。

按照花样织平针（从右往左读），12针的单元花重复22（23，24，27，29，31）次。共45圈。织完共132（138，144，162，174，186）针。

下一圈：A线，1针下针，（主色线1针下针，换成A线织左上2针并1针），括号内动作重复多次，一直到最后2针，主色线1针下针，换成A线织左上2针并1针（包含下一圈的第1针）。共88（92，96，108，116，124）针。A线断线。

只针对XL，2XL/3XL和4XL/5XL：

下一圈：织下针。

下一圈：[（11，12，5）针下针，左上2针并1针]×（8，8，16）次，最后（4，4，12）针织下针。共（100，108，108）针。

针对所有尺寸：

衣领：换成4.0mm棒针，

第1圈：（2针下针，2针上针），括号内动作重复多次。

重复上面1圈的双罗纹花样2.5cm。收针。

花样

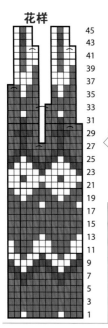

45 43 41 39 37 35 33 31 29 27 25 23 21 19 17 15 13 11 9 7 5 3 1

[编织密度]
18针×24行=10cm²
[工具]
4.0mm棒针和4.5mm
棒针，记号扣

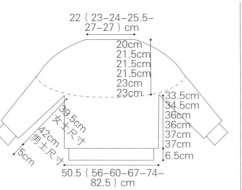

22（23-24-25.5-
27-27）cm

20cm
21.5cm
21.5cm
21.5cm
23cm
23cm

33.5cm
34.5cm
36cm
36cm
37cm
37cm
6.5cm

39.5cm
女士尺寸
42cm
男士尺寸
5cm

50.5（56-60-67-74-
82.5）cm

作品16

[编织要点]
袖片：
绿色线，4.0mm的棒针起织40（44，48，52，56，60）针，第1针用记号扣标记，连接成圈，进行圈织。织17圈的单罗纹花样。换成4.5mm的棒针，按照如下方式圈织平针，织3圈下针。
加针圈：2针下针，M1l，接下来织下针，一直到记号扣标记的前面2针，M1R，2针下针。
重复上面4圈的动作7（6，5，4，3，3）次，共56

（58，60，62，64，68）针。织5圈下针，再重复加针圈的动作1次。
重复上面6圈的动作4（5，6，7，8，8）次，共66（70，74，78，82，86）针。
继续圈织下针。一直到43（44.5，46，47，48.5，48.5）cm长。最后1圈在记号扣前面4（5，6，7，8，9）针前结束。
下一圈：收9（11，13，15，17，19）针，接下来织下针到圈尾，移除记号扣。棒针上剩下57（59，61，63，65，67）针。

衣身片（从下往上一片编织到袖窿处）：
4.0mm的棒针，绿色线，起织160（176，192，208，224，240）针。第1针用记号扣标记左边缝，连接成圈，进行圈织。织9圈单罗纹花样。换成4.5mm的棒针
下一圈：80（88，96，104，112，120）针下针，用记号扣标记右边缝，80（88，96，104，112，120）针下针。
接下来圈织下针，一直到距离起始位置38.5（40，

尺寸规格	XS/S	M	L	XL	2XL/3XL	4XL/5XL
绿色线	500g	500g	600g	700g	700g	800g
白色线	100g	100g	100g	200g	200g	200g
黄色线	100g	100g	100g	200g	200g	200g
袖长	43cm	44.5cm	46cm	47cm	48.5cm	48.5cm
长度包含领口	64cm	66cm	68cm	70cm	72cm	72cm
适合的胸围	81cm	86~91cm	97~102cm	107cm	112~117cm	122cm
完成的胸围	89cm	98cm	107cm	116cm	124cm	133cm

41.5，43，44.5，44.5）cm。最后1圈
标记左边缝的第1个记号扣前5（6，7，
8，9，10）针前结束。

接下来分前片和后片：
下一圈：收9（11，13，15，17，19）
针，接下来织下针到标记右边缝的第2个
记号扣前的4（5，6，7，8，9）针，
收9（11，13，15，17，19）针，接
下来织下针到圈尾。这样分成了前片72
（78，84，90，96，102）针，后片70
（76，82，88，94，100）针。
移除记号扣，不要断线。

育克：
正面，4.5mm的棒针，左袖片上57
（59，61，63，65，67）针织下针，前
片72（78，84，90，96，102）针织下
针，右袖片上57（59，61，63，65，
67）针织下针，用记号扣标记为右后
肩，后片70（76，82，88，94，100）
针织下针，用记号扣标记为圈首，连接
成圈，进行圈织，共256（272，288，
304，320，336）针。

接下来通过短行的方式调整后领：
第1行：正面，18（20，22，24，26，
28）针下针，掉头。

第2行：织上针到标记右后肩的记号扣，
18（20，22，24，26，28）针上针，
掉头。
第3行：织下针到下一个掉头针前面的6
针，掉头。
第4行：织上针到下一个掉头针前面的6
针，掉头。
再重复第3行和第4行的动作2次，以反
面行结束。
移除标记右后肩的记号扣。

接下来织平针（圈织下针），按照如下
方式处理：圈织2（3，4，6，7，7）针
下针。

接下来按照图表织花样，16针的单元花
重复16（17，18，19，20，21）次，
共48圈。织完剩下的80（85，90，
95，100，105）针。

换成4.0mm的棒针。

针对M、XL和3XL的尺寸：
下一圈：K2tog，1针上针，（1针下
针，1针上针），括号内动作重复多次。
共-（84，-，94，-，104）针。

针对所有尺寸：
织7圈的单罗纹花样。
收针。缝合腋下。

花样

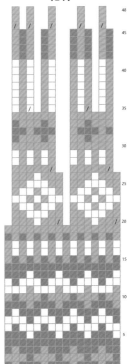

6针重复一次

89（98-107-116-
124-133）cm

64（66-68-70-72-72）cm

[编织密度]22针×28行=10cm²

[工　具]3.5mm和4.0mm棒针，记号扣，4个大别针

[编织要点]

衣身片：
衣身片是从下往上一片行织到袖窿处的。袖片是圈

作品 17

织，然后到袖窿处连接。

A线，3.5mm棒针，起织182（206，230，
258，286，342），不要连接，进行行织。
第1行：正面，2针下针，（2针上针，2针下
针），括号内动作重复多次。

111

第2行：2针上针，（2针下针，2针上针），括号内动作重复多次。重复上面2行的双罗纹花样，织7.5cm长。

下一行：左针上起织1针，（左针第2针的后面线圈里织1针下针，然后左针第1针的前面线圈里织1针下针，将2针同时滑下棒针，将右针的第1针移到左针上），括号内动作重复多次，一直到行尾。将右针上的第2针套过最后1针。连接B线。

下一行：B线，织上针。

下一行：[11（12，11，14，15，18）针下针，M1]×16（16，20，18，18，18）次，接下来织下针到行尾。共198（222，250，276，304，360）针。

下一行：织上针。

接下来开始按照花样1（从右往左读）织花样。

第1行：正面，主色线，1（1，1，1，2，4）针下针，按照花样1的第1行13针单元花织下针×15（17，19，21，23，27）次，主色线，织2（0，2，2，3，5）针下针。

第2行：主色线，2（0，2，2，3，5）针上针，按照花样1的第1行13针单元花织上针×15（17，19，21，23，27）次，主色线，织1（1，1，1，2，4）针上针。

按照上面的方式参考花样1织平针。一共17行。

主色线，以上针行开始继续织平针，一直到距离起始位置38（38，38，40.5，40.5，40.5）cm，以上针行结束。

下一行：42（48，53，60，65，79）针下针，接下来10（10，12，12，14，14）针下针并移到大别针上作为袖窿待用，94（106，120，122，146，174）针下针，接下来10（10，12，12，14，14）针下针并移到大别针上作为袖窿待用，42（48，53，60，65，79）针下针。

袖片：

颜色A，3.5mm棒针，起织52（52，56，56，60，68）针，连接成圈，进行圈织。第1针用记号扣标记。

第1圈：（2针下针，2针上针），括号内动作重复多次。重复上面1圈的双罗纹花样，织6cm长。

下一行：左针上起织1针，（左针第2针的后面线圈里织1针下针，然后左针第1针的前面线圈里织1针下针，将2针同时滑下棒针，将右针的第1针移到左针上），括号内动作重复多次一直到行尾。将右针上的第2针套过最后1针。A线断线。

换成4.0mm棒针，主色线。

下一圈：主色线，织下针。

下一圈：织下针，均匀加4针。共56（56，60，60，64，72）针。

接下来开始按照花样2（从右往左读）织花样，4针的单元花重复14（14，15，15，16，18）次，一共织8行。

下一圈：D线，1针下针，M1，接下来织下针，一直到最后1针，M1，1针下针。共58（58，62，62，66，74）针。

接下来开始按照花样3（从右往左读）织花样，针数是4的倍数+2针，4针的单元花重复14（14，15，15，16，18）次，一共织8行。

接下来主色线，圈织下针。

下一圈：两端各加1针。

接下来每6（4，4，4，4，4）圈两端各加1针，一直到82（68，84，96，104，110）针。

尺寸规格	XS/S	M	L	XL	2XL/3XL	4XL/5XL
主色线(深蓝色)	300g	350g	400g	450g	500g	600g
A线(绿色)	150g	200g	200g	250g	250g	300g
B线(其他色)	100g	100g	150g	150g	200g	200g
C线(其他色)	100g	150g	150g	200g	250g	250g
D线(其他色)	50g	50g	100g	100g	150g	150g
测量的胸围	71~81.5cm	86.5~91.5cm	96.5~101.5cm	106.5~117cm	122~137cm	142~157.5cm
完成的胸围	86.5cm	96.5cm	106.5cm	122cm	137cm	162.5cm

只针对M、L和XL：每6圈两端各加1针，一直到（88、94、100）针。

针对所有尺寸：
接下来不加针不减针圈织下针，一直到距离起始位置37（37、37、37、34.5、34.5）cm。

下一圈：5（5、6、6、7、7）针下针并移到大别针上，接下来织下针到圈尾并将最后的5（5、6、6、7、7）针移到前面大别针上，大别针上共10（10、12、12、14、14）针作为腋下缝合待用，棒针上共72（78、82、88、90、96）针。

缝合腋下的方法示意图：

育克：
第1行：正面，主色线，4.0mm棒针，右前片42（48、53、60、65、79）针下针，右袖片72（78、82、88、90、96）针下针，后片94（106、120、132、146、174）针下针，左袖片（78、82、88、90、96）针下针，左前片42（48、53、60、65、79）针下针。共322（358、390、428、456、524）针。

第2行：织上针。

第3行：织下针，均匀加6（2、2、4、0、4）针。共328（360、392、432、456、528）针。

第4行：织上针。

接下来开始按照花样4（正面下针行从右往左读，反面上针行从左往右读）织花样，8针的单元花重复41（45、49、54、57、66）次，一共织23行。

只针对XS/S：
下一行：反面，A线，80针

上针，K2tog，（84针上针，K2tog）×2次，接下来织上针到行尾，共325针。

下一行：（3针下针，K2tog），括号内动作重复多次，共260针。

只针对M、L、XL、2XL/3XL和4XL/5XL：

下一行：反面，A线，织上针。

下1行：A线，（5、16、11、13、19）针下针，（K2tog，3针下针），括号内动作重复多次，最后（5、16、11、13、19）针织下针。共（290、320、350、370、430）针。

针对所有尺寸：
下一行：反面，A线，织上针。

接下来开始按照花样5（正面下针行从右往左读，反面上针行从左往右读）织花样，10针的单元花重复26（29、32、35、37、43）次，一共织10行。

下一行：正面，A线，织下针。均匀减4（2、0、6、2、6）针。共256（288、320、344、368、424）针。

下一行：织上针。

接下来开始按照花样5（正面下针行从右往左读，反面上针行从左往右读）织花样，8针的单元花重复32（36、40、43、46、53）次，一共织23行。

主色线，按照如下方式处理：
下一行：正面，（2针下针，K2tog），括号内动作重复多次，一直到行尾。共192（216、240、258、276、318）针。

以上针行开始，不加针不减针织3（3、5、7、7、7）行平针。

下一行：正面，（1针下针，K2tog），括号内动作重复多次，一直到行尾。共128（144、160、172、184、212）针。

以上针行开始，不加针不减针

织3行平针。

下一行：正面，0（0、10、5、0、7）针下针，[6（6、3、4、6、4）针下针，K2tog]，中括号内动作重复多次。最后0（0、10、5、0、7）针织下针。共112（126、132、145、161、179）针。

下一行：织上针。

接下来用短行的方式调整领口：
织75（84、88、96、104、115）针下针，剩下针不织，掉头。

第1行：正面，75（84、88、96、104、115）针下针，掉头。

第2行：38（42、44、47、47、51）针上针，掉头。

第3行：39（43、45、48、48、52）针下针，掉头。

第4行：40（44、46、49、49、53）针上针，掉头。

第5行：41（45、47、50、50、54）针下针，掉头。

下一行：织上针。均匀减2（2、2、3、3、1）针。共110（124、130、142、158、178）针。

下一行：正面，A线，左针上起织1针，（左针第2针的后面线圈里织1针下针，然后左针第1针的前面线圈里织1针下针，将2针同时滑下棒针，将右针的第1针移到左针上），括号内动作重复多次一直到行尾。将右针上的第2针套过最后1针。A线断线。

下一行：（2针上针，2针下针），括号内动作重复多次，最后2针织上针。

下一行：（2针下针，2针上针），括号内动作重复多次，最后2针织下针。

再重复上面的双罗纹花样2次。
收针。

带扣眼的衣襟：
正面，3.5mm棒针，A线，沿着外套右前片从衣身片起织位置到领口的收针位置这条边均匀挑织134（134，138，146，150，150）针下针。

第1~3行：织3行双罗纹花样。

第4行：织6针双罗纹花样，[收2针，织18（18，19，17，18，18）针双罗纹花样]×5（5，5，6，6，6）次，收2针，接下来织双罗纹花样到行尾。

第5行：织双罗纹花样，在前面一行收针的位置起织2针。

再织3行的双罗纹花样。收针。

带纽扣的衣襟：

和右边相同的方式织，不要织扣眼。缝合纽扣。

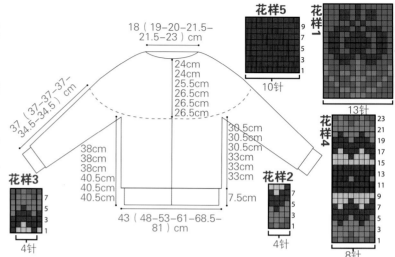

花样5
10针

花样1
13针

花样4
8针

花样3
4针

花样2
4针

18（19-20-21.5-21.5-23）cm

24cm
24cm
25.5cm
26.5cm
26.5cm
26.5cm

37（37-37-37-34.5-34.5）cm

38cm
38cm
38cm
40.5cm
40.5cm
40.5cm

30.5cm
30.5cm
30.5cm
33cm
33cm
33cm

7.5cm

43（48-53-61-68.5-81）cm

作品18

[编织密度]15针×20行=10cm²

[工　具]5.5mm棒针和6.0mm棒针，大别针

[编织要点]

衣身片：

衣身片是从下往上一片圈织到袖窿处。

主色线，5.5mm棒针，起织138（150，166，182，214，246）针，不要连接，进行行织。

第1行：正面，2针下针，（2针上针，2针下针），括号内动作重复多次。

第2行：2针上针，（2针下针，2针上针），括号内动作重复多次。

重复上面2行的双罗纹花样，织7.5cm长。

换成6.0mm棒针，织平针，一直到距离起始位置40.5cm长。以上针行结束。

通过短行调整前片：

注意：为了防止出现洞洞或空隙，当织滑针时，挑织滑针下一行对应的针目并滑到左针上，这针和滑针一起织1针下针。

下一行：正面，124（135，148，162，191，220）针下针，以上针的方式滑1针。掉头。

下一行：以上针的方式滑1针，110（120，130，142，168，194）针上针，以下针的方式滑1针。掉头。

下一行：以下针的方式滑1针，105（114，123，134，158，182）针下针，以上针的方式滑1针。掉头。

下一行：以上针的方式滑1针，100（108，116，126，148，170）针上针，以下针的方式滑1针。掉头。

下一行：以下针的方式滑1针，95（102，109，118，138，158）针下针，以上针的方式滑1针。掉头。

下一行：以上针的方式滑1针，90（96，102，110，128，146）针上针，以下针的方式滑1针。掉头。

尺寸规格	XS/S	M	L	XL	2XL/3XL	4XL/5XL
主色线（深蓝色）	600g	700g	900g	1000g	1200g	1400g
A线（绿色）	100g	100g	100g	100g	200g	200g
B线（其他色）	200g	200g	200g	200g	300g	300g
适合的胸围	71~86.5cm	91.5~96.5cm	101.5~106.5cm	112~117cm	122~137cm	142~157.5cm
完成的胸围	94cm	101.5cm	112cm	122cm	145cm	165cm

下一行：以下针的方式滑1针，接下来织下针到行尾。

下一行：织上针。

下一行：织下针。

下一行：反面，30（33，36，40，47，55）针上针，接下来8（8，10，10，12，12）针上针并移到大别针上作为袖窿待用，62（68，74，82，96，112）针上针，接下来8（8，10，10，12，12）针上针并移到大别针上作为袖窿待用，30（33，36，40，47，55）针上针。

袖片：

主色线，5.5mm棒针，起织40（40，44，44，48，48）针，连接成圈，进行圈织。第1针用记号扣标记。

第1圈：（2针下针，2针上针），括号内动作重复多次。

重复上面1圈的双罗纹花样，织10cm长。

换成6.0mm棒针，圈织下针。

接下来第2圈两端各加1针。

接下来每10（8，8，6，6，4）圈两端各加1针，一直到50（44，48，58，62）针。

接下来每12（10，10，8，8，6）圈两端各加1针，一直到52（54，58，62，66，70）针。

接下来不加针不减针圈织下针，一直到距离起始位置45.5（45.5，45.5，44.5，44.5，42）cm。

下一圈：A线，4（4，5，5，6，6）针下针并移到大别针上，接下来织下针到圈尾并将最后的4（4，5，6，6）针移到前面大别针上，大别针上共8（8，10，10，12，12）针作为腋下缝合待用，棒针上共44（46，48，52，54，58）针。

断线，留下一段45.5cm长的线用于缝合腋下。

缝合腋下的方法示意图：

育克：

第1行：正面，主色线，右前片30（33，36，40，47，55）针下针，右袖片44（46，48，52，54，58）针下针，后片62（68，74，82，96，120）针下针，左袖片44（46，48，52，54，58）针下针，左前片30（33，36，40，47，55）针下针。共210（226，242，266，298，338）针。

第2行：织上针。

只针对XS/S，M，2XL/3XL 和4XL/5XL：

下一行：[133（113，149，169）针下针，M1]×6（2，2，2）次，接下来织下针到行尾。共216（228，300，336）针。

只针对L，XL：

下一行：[（119，131）针下针，K2tog]×2次，共（240，264）针。

接下来按照花样1（1，1，2，2，2）织（从右往左读），12针的单元花重复18（19，20，22，25，28）次，织完共72（76，80，88，100，112）针。配色线断线。

继续A线编织。

下一行：正面，织下针。

下一行：织上针。

下一行：8（8，9，10，11，13）针下针，K2tog，[16（17，18，20，23，26）针下针，K2tog]，中括号内动作重复多次，最后8（9，9，10，12，13）针织下针。共68（72，76，84，96，108）针。

下一行：织上针。

只针对M，L，XL，2XL/3XL和4XL/5XL：

下一行：（8，9，9，11，12）针下

尺寸示意图标注：

20（20-23-24-26.5-26.5）cm

24cm
24cm
25.5cm
26.5cm
26.5cm
26.5cm

33cm

10cm 35.5（35.5-35.5-34.5-34.5-32）cm

47-50.5-56-61-72.5-82.5cm

花样图标注：

23cm
24cm
24cm
25.5cm
26.5cm
28cm

33cm

7.5cm

花样1
XS/S，M，L

花样2
XL
2XL/3XL
4XL/5XL

12针　　12针

行数标注：45 43 41 39 37 35 33 31 29 27 25 23 21 19 17 15 13 11 9 7 5 3 1

针，K2tog，[（16，17，19，22，25）针下针，K2tog]，中括号内动作重复多次，最后（8，9，10，11，13）针织下针。共（68，72，80，92，104）针。

下一行：织上针。

只针对XL，2XL/3XL和4XL/5XL：

下一行：（9，11，8）针下针，K2tog，[（18，21，10）针下针，K2tog]，中括号内动作重复多次，最后（9，10，10）针织下针。共（76，88，96）针。

下一行：织上针。

只针对2XL/3XL和4XL/5XL：

下一行：（10，2）针下针，K2tog，

[（20，4）针下针，K2tog]，中括号内动作重复多次，最后（10，2）针织下针。共80针。

下一行：织上针。

针对所有尺寸：

下一行：正面，织下针，均匀减2针。共66（66，70，74，78，78）针。

换成5.5mm棒针，织5cm长的双罗纹花样。收针。

衣襟：正面，主色线，5.5mm棒针，沿着外套左边均匀挑织90（90，90，92，96，96）针下针。织4行下针。反面收针。

带扣眼的衣襟：

正面，主色线，5.5mm棒针，沿着外套左边均匀挑织90（90，90，92，96，96）针下针。

第1行：反面，织下针。

第2行：3（3，3，4，3，3）针下针，[绕线加1针，K2tog，（12，12，12，13，13）针下针]×6次，绕线加1针，K2tog，接下来织下针到行尾。

第3行和第4行：织下针。反面收针。

作品 19

[编织密度]11针×15行=10cm²

[工　具]8.0mm棒针和9.0mm棒针，记号扣，大别针

[编织要点]

衣身片和袖片分别从下往上一片圈织到袖窿处，然后连接到育克进行圈织。

衣身片：

主色线，8.0mm棒针，起织110（120，130，144，160，180）针，圈织。第1针用记号扣标记。

第1圈：（1针下针，1针上针），括号内动作重复多次。

第2圈：织下针。

重复上面2圈的动作织7.5mm。最后1圈均匀加6（4，6，4，4，4）针，共116（124，136，148，164，184）针。

换成9.0mm棒针，按照花样1织（从右往左读），4针的单元花重复29（31，34，37，41，46）次，共10圈，织完A线断线。

换成8.0mm棒针，

下一圈：主色线，织下针。均匀减6（4，6，4，4，

尺寸规格	XS/S	M	L	XL	2XL/3XL	4XL/5XL
主色线（深灰色）	300g	400g	400g	500g	500g	600g
A线（金色）	100g	100g	100g	200g	200g	200g
测量的胸围	71~86.5cm	91.5~96.5cm	101.5~106.5cm	112~117cm	122~137cm	142~157.5cm
完成的胸围	101.5cm	112cm	122cm	132cm	147.5cm	165cm

4）针。共110（120，130，144，160，180）针。

接下来不加针不减针圈织下针，一直到距离起始位置38（38，42，42，38，38）cm。

下一圈：[51（55，60，66，73，82）针下针，4（5，5，6，7，8）针下针并移到大别针上作为袖窿待用]×2次。

袖片：

主色线，8.0mm棒针，起织28（28，30，30，34，34）针，连接成圈，进行圈织。第1针用记号扣标记。

第1圈：（1针下针，1针上针），括号内动作重复多次。

第2圈：织下针。重复上面2圈的动作织7.5mm。最后1圈均匀加4（4，6，6，6，6）针，共32（32，36，36，40，40）针。

换成9.0mm棒针，按照花样1织（从右往左读），4针的单元花重复8（8，9，9，10，10）次，共10圈，织完A线断线。

换成8.0mm棒针，主色线，开始圈织下针。

第9（9，9，7，7，3）圈两端各加1针。

然后每10（8，8，6，6，4）圈两端各加1针，一直到38（40，44，46，50，56）针。

接下来不加针不减针圈织下针，一直到距离起始位置40.5（40.5，40.5，40.5，39.5，37）cm。

下一圈：

2（3，3，3，4，4）针下针并移到大别针上，接下来织下针到圈尾并将最后的2（3，3，3，4，4）针移到前面大别针上，大别针上共4（4，4，6，6，8）针作为腋下缝合待用，棒针上共34（35，39，40，43，48）针。

缝合腋下的方法示意图：

育克：

第1圈：主色线，［袖片上的34（35，39，40，43，48）针织下针，记号扣标记，衣身片上的51（55，60，66，73，82）针织下针，记号扣标记]×2次，连接成圈。进行圈织，共170（180，198，212，232，260）针。

只针对L：

第2圈：（99针下针，M1）×2次，共200针。

只针对XL和2XL/3XL：

第2圈：[（104，114）针下针，K2tog]×2次，共（210，230）针。

针对所有尺寸：不加针不减针织0（3，4，5，5，7）圈下针。

换成9.0mm棒针，按照花样2织（从右往左读），10针的单元花重复17（18，20，21，23，26）次，共40圈，织完A线断线。共85（90，100，105，115，130）针。换成8.0mm棒针。

下一圈：主色线，织下针。

下一圈：5（3，4，1，3，2）针下针，[K2tog，8（9，10，11，12，14）]×8次，共77（82，92，97，107，122）针。

下一圈：5（3，4，1，3，2）针

下针，[K2tog，7（8，9，10，11，13）]×8次。共69（74，84，89，99，114）针。

按照上面的方式，每圈减8针，一直到剩下53（50，52，57，59，66）针。

下一圈：织下针，圈首减1（0，0，1，1，0）针，共52（50，52，56，58，66）针。

下一圈：主色线，（1针下针，1针上针），括号内动作重复多次。

重复上面1圈的单罗纹花样2.5cm长。收针。

花样1 花样2

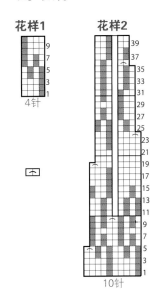

4针
10针

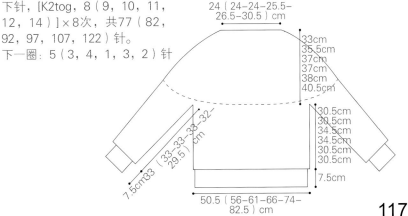

24（24-24-25.5-26.5-30.5）cm

33cm
35.5cm
37cm
37cm
38cm
40.5cm

30.5cm
30.5cm
34.5cm
34.5cm
30.5cm
30.5cm

33（33-33-33-29.5）cm

7.5cm 33
7.5cm

50.5（56-61-66-74-82.5）cm

117

作品 20

接下来继续织条纹花样，圈织下针，一直到距离起始位置38（38，42，42，38，38）cm，以条纹花样的第10圈结束。

下一圈：A线，[75（81，86，96，112，132）针下针，8（11，14，14，18，18）针下针并移到大别针上作为袖窿待用]×2次。

袖片：

A线，起织46（46，48，50，54，54）针，连接成圈，进行圈织。第1针用记号扣标记。

按照条纹颜色排列顺序织7.5cm的单罗纹花样。

接下来继续织条纹花样，圈织下针。

下一圈两端各加1针，接下来每8（8，8，6，4，4）圈两端各加1针，一直到64（66，68，76，84，90）针。

接下来不加针不减针圈织下针，一直到距离起始位置45.5（45.5，45.5，45.5，4，42）cm，以条纹花样的第10圈结束。

下一圈：

A线，4（6，7，7，9，9）针下针并移到

大别针上，接下来织下针到圈尾并将最后的4（5，7，7，9，9）针移到前面大别针上，大别针上共8（11，14，14，18，18）针作为腋下缝合待用，棒针上共56（55，54，62，66，72）针。

缝合腋下的方法示意图：

育克：

整个过程中继续织条纹花样，按照如下方式处理：

第1圈：A线，[袖片上的56

[编织密度]18针×24行=10cm²

[工　具]5.0mm棒针，大别针，记号扣

[编织要点]

衣身片和袖片分别从下往上一片圈织到袖窿处，然后连接到育克进行圈织。

编织条纹花样：

A线织3圈，B线织2圈，C线织3圈，B线织2圈。共10圈形成条纹花样。

衣身片：

A线，起织166（184，200，220，260，300）针，圈织。第1针用记号扣标记。

按照条纹颜色排列顺序织7.5cm的单罗纹花样。

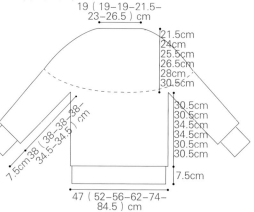

尺寸规格	XS/S	M	L	XL	2XL/3XL	4XL/5XL
主色线（黑色）	200g	200g	200g	300g	300g	400g
A线（深灰色）	200g	200g	300g	300g	400g	400g
B线（白色）	200g	300g	300g	300g	400g	500g
C线（米色）	200g	200g	300g	300g	400g	400g
适合的胸围	71~86.5cm	91.5~96.5cm	101.5~106.5cm	112~117cm	122~137cm	142~157.5cm
完成的胸围	94cm	104cm	112cm	124.5cm	147.5cm	169cm

（55，54，62，66，72）针织下针，记号扣标记，衣身片上的75（81，86，96，112，132）针织下针，记号扣标记]×2次，连接成圈。进行圈织，第1针用记号扣标记。共262（272，280，316，356，408）针。

第2圈：织下针。这圈最开始加1针（减1针，减1针，加1针，减1针，0），共263（271，279，317，355，408）针。

第3圈：（K2tog，接下来织下针到下一个记号扣标记的前2针，Ssk）×4次。接下来不加针不减

针织3圈下针。

再重复最后4圈的动作0（1，2，3，4，5）次，共255（255，255，285，315，360）针。

继续按照花样1织条纹花样（从右往左读），15针的单元花重复17（17，17，19，21，24）次，共48圈。织完后A线和B线断线，共68（68，68，76，84，96）针。

前片参考花样2轮廓绣射线的刺绣图案

衣领：
下一圈：主色线，（1针下针，1针上针），括号内动作重复多次。
重复上面1圈的单罗纹花样织12.5cm长。收针。

花样1

47
45
43
41
39
37
35
33
31
29
27
25
23
21
19
17
15
13
11
9
7
5
3
1

花样2

[编织密度]15针×20行＝10cm²
[工　　具]5.5mm棒针和6.0mm棒针，记号扣，大别针
[编织要点]
衣身片：
从下往上一片编织到袖窿。
主色线，5.5mm棒针，起织136（148，164，180，212，244）针，连接成圈，进行圈织。第1针用记号扣标记。
织7.5cm的双罗纹花样。最后1圈均匀加0（2，2，0，2，0）针。共136（150，166，180，214，244）针。
换成6.0mm棒针进行圈织下针，一直到38（38，40.5，40.5，43，43）cm。
下一圈：8（8，10，10，12，12）针下针，将这些针目移到大别针上作为袖窿待用，织60（67，73，80，95，110）针下针作为后片，织8（8，10，10，12，12）针下

针，将这些针目移到大别针上作为袖窿待用，织60（67，73，80，95，110）针下针作为前片。衣身片共120（134，146，160，190，220）针。

袖片：
主色线，5.5mm棒针，起织40针，连接成圈，进行圈织，第1针用记号扣标记。
织5cm长的双罗纹花样，最后1圈均匀加2针，共42针。
换成6.0mm棒针。
织1圈下针。
按照花样1织（从右往左读），8针单元花，重复5次。注意在第5圈和第13圈结尾分别加1针。共46针。
继续用主色线织，接下来每10（6，6，4，4，4）圈两端各加1针，一直到48（50，54，56，60，60）针，然后每12（8，8，

作品21

6，6，6）圈两端各加1针，一直到50（52，56，60，64，64）针。
继续平织，一直到45.5（45.5，45.5，44.5，44.5，42）cm。
下一圈：4（4，5，5，6，6）针下针，将这4（4，5，5，6，6）针和最后4（4，5，5，6，6）针移到大别针上作为袖窿待用。织42（44，46，50，52，52）针下针，断线，留下30.5cm长的一段用于缝合腋下。将针目放在一根空棒针上。

119

腋下的缝合方法:

育克:

主色线,[袖片的42（44，46，50，52，52）针织下针，衣身片的60（67，73，80，95，110）针织下针]×2次，共204（222，238，260，294，324）针。最后1针用记号扣标记为圈尾。

下一圈:[49（109，27，24，19，21）针下针，K2tog]×4（2，8，10，14，14）次，一直到最后0（0，6，0，0，2）针，0（0，6，0，0，2）针下针。共200（220，230，250，280，310）针。

按照花样2（2，2，3，3，3）织花样（从右往左读，每圈织下针），10针的单元花重复20（22，23，25，28，31）次，共80（88，92，100，112，124）针。

主色线:

下一圈:[11（7，7，6，4，4）针下针，K2tog]，括号内动作重复多次，一直到最后2（7，2，4，4，4）针织下针。共74（79，82，88，94，104）针。

织1圈下针。

下一圈:[35（9，6，5，3，3）针下针，K2tog]，括号内动作重复多次，一直到最后0（2，24，4，4）

针织下针。共72（72，72，76，76，84）针。

织1圈下针。

换成5.5mm棒针，织20.5cm长的双罗纹花样。收针。

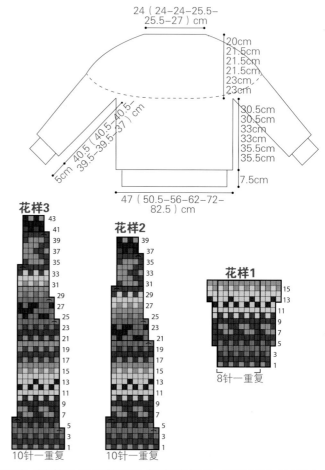

24（24-24-25.5-25.5-27）cm

20cm
21.5cm
21.5cm
21.5cm
23cm
23cm

30.5cm
30.5cm
33cm
33cm
35.5cm
35.5cm

7.5cm

40.5（40.5-40.5-39.5-39.5-37）cm

5cm

47（50.5-56-62-72-82.5）cm

花样3
43
41
39
37
35
33
31
29
27
25
23
21
19
17
15
13
11
9
7
5
3
1
10针一重复

花样2
39
37
35
33
31
29
27
25
23
21
19
17
15
13
11
9
7
5
3
1
10针一重复

花样1
15
13
11
9
7
5
3
1
8针一重复

尺寸规格	XS/S	M	L	XL	2XL/3XL	4XL/5XL
主色线（深灰色）	700g	800g	900g	1000g	1100g	1300g
A线（金色）	200g	200g	300g	300g	300g	400g
测量的胸围	71~86.5cm	91.5~96.5cm	101.5~106.5cm	112~117cm	122~137cm	142~157.5cm
完成的胸围	92.5cm	101.5cm	112.5cm	124.5cm	144.5cm	165cm